Andreas Lutz/Cornelia Rüping

●

Praxisbuch Networking

Andreas Lutz/Cornelia Rüping

Praxisbuch Networking

Einfach gute Beziehungen aufbauen
Von Adressmanagement bis XING.com

**2., aktualisierte und
überarbeitete Auflage**

Bibliografische Information Der Deutschen Bibliothek
Die Deutsche Bibliothek verzeichnet diese Publikation in der Deutschen
Nationalbibliografie; detaillierte bibliografische Daten sind im Internet über
http://dnb.ddb.de abrufbar.

ISBN 978-3-7093-0200-2

© LINDE VERLAG WIEN Ges.m.b.H., Wien 2009
1210 Wien, Scheydgasse 24, Tel.: +43/1/24 630
www.lindeverlag.de
www.lindeverlag.at

Umschlag: buero8
Realisation: Ariadne-Buch, Christine Proske, München
Redaktion: Gabriele Ernst
Satz: Hannes Strobl, Satz·Grafik·Design, 2620 Neunkirchen
Druck: Hans Jentzsch & Co. GmbH, 1210 Wien, Scheydgasse 31

Inhalt

Einleitung

Networking, das funktioniert ... jetzt sofort

Egal ob angestellt oder selbständig, wir sind alle Unternehmer. Letztlich ist jeder von uns selbst dafür verantwortlich, beruflich Erfolg zu erzielen und die eigenen Lebensträume zu verwirklichen. Auf die Absicherung durch Arbeitgeber oder Staat können wir uns dabei nicht mehr verlassen. Doch ganz ohne Unterstützung geht es nicht: Deshalb erlebt das Networking in den letzten Jahren eine Wiedergeburt. Ein Netz aus Beziehungen bietet die Sicherheit, die an anderen Stellen verloren gegangen ist.

Noch vor wenigen Jahren konnte man Networking als Luxus betrachten, um schneller und eleganter die Karriereleiter emporzusteigen. Nun müssen viele im Berufsleben erkennen, dass andere, die über die besseren Kontakte verfügen, nicht nur an ihnen vorbeiziehen, sondern ihnen sogar den Job streitig machen – und das obwohl sie fachlich viel weniger „können" als sie selbst.

Networking wird zur Überlebenstechnik, denn der Wettbewerb im Berufsleben ist härter geworden. Plötzlich müssen wir uns und unsere Leistungen verkaufen – gegenüber den Kunden ebenso wie innerhalb unseres Unternehmens, bei der Jobsuche ebenso wie als frisch gebackener Selbständiger. Aber zugleich wollen wir uns nicht verbiegen oder verstellen. Jeder will erfolgreich sein, so wie er ist. Deshalb sind neue Formen des Networking nötig, die schneller und unkomplizierter funktionieren und besser in die heutige Zeit passen. Etablierten Verbänden und elitären Clubs stehen heute viele kritisch gegenüber. Angesichts zunehmender Berufsbelastung fehlen den meisten die Zeit und Energie, sich in starre Vereinsstrukturen einzufügen und langwierige Einstiegsphasen in Kauf zu nehmen.

Die Antwort: Ein neues, menschlicheres Networking, bei dem es nicht allein um geschäftliche Beziehungen geht und das trotzdem zum beruflichen Erfolg beiträgt. Methoden, die es selbst introvertierten Menschen ermöglichen, sich das Instrument des Networking zunutze zu machen. Und neue Formen des Networking, welche die Teilnehmer häufig mit Unterstützung durch das Internet sehr viel zielgerichteter als bisher miteinander in Kontakt bringen. Die Zeiten, als sich der Einzelne ausschließlich in einem festen Netzwerk organisierte, zum Beispiel einem Branchenverband, sind vorbei. Es ist einfacher und unkomplizierter geworden, neue Menschen kennen zu lernen. Erfolg hat dabei, wer sein eigenes Profil entwickelt und mehr er selbst ist, nicht weniger.

Andreas Lutz und Cornelia Rüping
Januar 2009

1. Was Networking nicht ist

Geht es beim Networking um Vitamin B oder handelt es sich um eine raffinierte Verkaufstaktik? Ist der beste Netzwerker derjenige, der am meisten Visitenkarten sammelt und verteilt? Lesen Sie, was viele Menschen denken, die beruflich von Networking profitieren könnten – wenn sie mit ihren falschen Vorstellungen aufräumen.

Viele Menschen verbinden mit dem Begriff „Networking" negative Assoziationen und Dinge, die ihnen unangenehm sind: etwas aufgedrängt bekommen oder selbst etwas verkaufen müssen, Smalltalk halten, zu Gefälligkeiten verpflichtet sein … Es ist Zeit, dass Sie sich von diesen Vorurteilen befreien, denn sie stehen einem erfolgreichen Networking im Weg.

Networking ist nicht verkaufen

Viele betrachten Networking als eine Form des Verkaufens. Sie gehen auf Networking-Events, um andere Leute kennen zu lernen und ihnen ihre Produkte und Dienstleistungen anzubieten. Es gibt kaum einen anderen Weg, um sich so schnell bei so vielen Leuten unbeliebt zu machen!

Praxisbeispiel

Hierzu ein Beispiel von einer Veranstaltung, die nun schon mehr als fünf Jahre zurückliegt. Trotzdem kann ich mich noch sehr lebhaft daran erinnern: Eine Innenarchitektin hatte bei der Veranstaltung die Gelegenheit genutzt, um nach und nach allen der über 50 Anwesenden ihre Dienstleistung anzubieten. Für einen festen Preis wollte sie sich mehrere Stunden Zeit nehmen, die Wohnung des Kunden anschauen und Vorschläge zur Verbesserung der Innengestaltung machen. Eigentlich eine gute Idee, fand ich. Aber sie hatte ihren Gesprächspartnern diese Leistung so sehr aufgedrängt, dass jeder Einzelne, mit dem ich am Ende über die Veranstaltung sprach, sich über dieses Verhalten der Architektin beschwerte.

Mit ihrem Akquise-Amoklauf hatte die Innenarchitektin das genaue Gegenteil dessen erreicht, was sie eigentlich wollte: Sie hatte nicht nur keinen einzigen Kunden gewonnen, sondern die Anwesenden hätten wahrscheinlich jedem ernsthaft Interessierten aus ihrem Bekanntenkreis von einer Zusammenarbeit mit der Architektin energisch abgeraten.

Setzen Sie sich deshalb beim Networking niemals unter den Druck, etwas verkaufen zu müssen. Nehmen Sie sich die Zeit, Ihren Gesprächspartner erst einmal kennen zu lernen. Dazu gehört, dass Sie ihm Fragen stellen und sich auch für seine Antworten interessieren. Wenn Sie nur auf ein Stichwort warten, um Ihre Verkaufslitanei herunterzubeten, wird sich Ihr Gegenüber schnell langweilen und die Flucht antreten.

Das heißt nicht, dass Sie nicht im geeigneten Moment selbstbewusst berichten sollten, was Sie beruflich tun. Im Gegenteil: Ein solches Gespräch ist eine hervorragende Chance, Selbstmarketing zu betreiben und den anderen neugierig auf Sie und Ihre Leistungen zu machen. Ziel ist aber nicht, dass der unmittelbare Gesprächspartner etwas von Ihnen kauft, sondern dass er Sie in guter Erinnerung behält. Dann wird er sich bei Ihnen melden oder Sie weiterempfehlen, wenn bei ihm oder seinen Bekannten der entsprechende Bedarf entsteht. Und auch dann müssen Sie nicht in die Rolle eines Verkäufers schlüpfen. Der potentielle Kunde hat bereits seinen konkreten Bedarf erkannt und ist auf Sie aufmerksam gemacht worden. Sie sind nicht mehr einer unter vielen Anbietern, sondern es besteht bereits ein Vertrauensvorsprung zu Ihren Gunsten.

Stellen Sie sich vor, der Architektin aus unserem Beispiel wäre es gelungen, ihre Gesprächspartner bei der Veranstaltung für sich einzunehmen statt gegen sich. Dann wären ab sofort 50 Menschen als Fürsprecher für sie unterwegs gewesen. Vielleicht hätte keiner der 50 Besucher aktuell selbst Bedarf an ihrer Leistung gehabt. Aber jeder der 50 kennt mindestens weitere 50 Personen, von denen sicher der eine oder andere früher oder später genau so eine Beratung brauchen könnte. Und dann, in diesem Moment, hätte sich das Networking ausgezahlt. Es geht beim Networking also nicht nur um die direkten Kontakte, die Sie schließen, sondern um die „Kontakte Ihrer Kontakte".

Deshalb lohnt es sich, im Rahmen des Networking auch solche Menschen kennen zu lernen, die für Sie gar nicht als Kunden in Frage kommen und wahrscheinlich nie etwas von Ihnen kaufen werden. Wenn Sie den Unterschied zwischen Networking und Verkaufen kennen, werden Sie künftig sehr viel entspannter in Networking-Veranstaltungen gehen und gerade deshalb sehr viel erfolgreicher herauskommen.

Networking ist nicht Network-Marketing

Verwechseln Sie Networking nicht mit dem Network-Marketing. Network-Marketing wird oft als eine beschönigende Bezeichnung für Strukturvertriebe verwendet. Diese hierarchischen Vertriebsorganisationen werben laufend neue Mitarbeiter an, die dann ihre vorhandenen Beziehungen zu Familien, Freunden usw. dazu benutzen, etwas zu verkaufen. Nicht selten handelt es sich um überteuerte Produkte, die nur aufgrund einer persönlichen Empfehlung gekauft werden oder um dem Bekannten einen Gefallen zu tun. Ein nachhaltiges Geschäftsmodell lässt sich auf dieser Basis in der Regel nicht aufbauen – es sei denn, man wirbt selbst laufend neue Unter-Vertriebsmitarbeiter, an deren Erlösen man dann beteiligt ist.

Oft sind die Initiatoren solcher Vertriebsorganisationen hervorragende Verkäufer und schaffen es, ihre Vertriebsmitarbeiter absolut von dem Verkaufssystem und den Produkten zu überzeugen und gegenüber Einwänden regelrecht zu immunisieren. Diese Immunisierung gegenüber den Argumenten anderer gibt den Strukturvertriebs-Mitarbeitern aber nicht selten etwas Sektenhaftes. Ein kritisches Gespräch über Produkte und Vertriebssystem ist dann nicht mehr möglich und es kann passieren, dass dadurch sogar langjährige Beziehungen aus der Balance geraten. Network-Marketing führt deshalb häufig zum Gegenteil dessen, was mit richtigem Networking angestrebt wird, nämlich der Aufbau langfristiger, vertrauensvoller Beziehungen.

Natürlich sind Netzwerke jeder Art für Strukturvertriebe attraktiv, da sie es ermöglichen, schnell andere Menschen kennen zu lernen, die vielleicht auf die Vertriebsmethoden ansprechen. Inzwischen durchschauen aber sehr viele Netzwerkmitglieder solche Aktivitäten. In einer ganzen Reihe von Netzwerken wird Network-Marketing bereits im Rahmen der Teilnahmebedingungen untersagt. Wer also entsprechende Produkte zu verkaufen versucht, wird umgehend aus dem Netzwerk verbannt.

Networking ist nicht das Sammeln und Verteilen von Visitenkarten

Auch wenn es inzwischen Networking-Events gibt, deren einziger Zweck das Sammeln und Verteilen von Visitenkarten zu sein scheint: Der Erfolg Ihres Networking hängt nicht davon ab, mit wie vielen Karten Sie nach Hause gehen. Wenn Sie die Menschen, von denen Sie die Visitenkarte erhalten haben, nicht kennen lernten, sondern die Karte nur aus Höflichkeit oder im Rahmen eines Austauschrituals bekamen, ist sie wertlos. Sie haben keinen wirklichen Aufhänger, den Kontakt nochmals aufzunehmen. Wenn Sie die Kontaktdaten trotzdem erfassen und ihre Besitzer von nun an mit Serienbriefen oder Newsletter-Mails traktieren, werden Sie vielleicht eine Weile Ihr schlechtes Gewissen in Bezug auf Ihre Verkaufsanstrengungen beruhigen, aber nicht wirklich etwas erreichen. Im Gegenteil, Sie werden die meisten Empfänger verärgern, selbst wenn sie nicht gleich wütend die Streichung aus Ihrem Verteiler verlangen.

Hören Sie also auf, sich an der Zahl der gesammelten Visitenkarten zu messen. Entscheidend ist die Qualität der Gespräche: Hat es Spaß gemacht, sich zu unterhalten? Besteht der gegenseitige Wunsch, den Kontakt fortzusetzen? Haben Sie im Gespräch Anknüpfungspunkte für weitere Gespräche gefunden? Wenn Sie wissen, worauf es ankommt, werden Sie viel gelassener und souveräner agieren und das macht Sie für andere wiederum zu einem deutlich attraktiveren Gesprächspartner.

Networking ist kein Tauschgeschäft

Networking besteht aus Geben und Nehmen. Das heißt aber nicht, dass Sie ein Beziehungskonto führen sollten, auf dem Sie mental alles, was Sie von jemandem erhalten, als Soll und alles, was Sie ihm geben, als Haben buchen. Viele Menschen denken aber genau so: Sie sammeln sozusagen Punkte, um sie später gegen einen größeren Gefallen einzulösen. Oder umgekehrt: Sie fühlen sich verpflichtet, weil jemand ihnen mehrfach geholfen hat.

Gut zu wissen

Networking als Tauschgeschäft

Was viele von uns kritisch sehen und ablehnen, spielt in China eine zentrale Rolle im Geschäftsleben. Kaum eine Entscheidung bleibt unbeeinflusst von den „Guanxi", den persönlichen Beziehungen und Verpflichtungen der Handelnden. Und tatsächlich ist „Guanxi" eines der ersten Wörter, die Ausländer lernen, die sich mit dem chinesischen Markt beschäftigen. Dabei geht es nicht um Verbindungen zwischen Personengruppen oder Institutionen, sondern immer um die Beziehungen zwischen einzelnen Menschen. Kernfaktor von Guanxi ist die Verpflichtung zur Rückzahlung. Wer eine Gefälligkeit erbittet, muss irgendwann in Bezug auf die jeweilige Beziehung auch eine Gegenleistung erbringen. Wer eine größere Gefälligkeit möchte, muss hierzu zunächst eine Vertrauensbasis schaffen und dies durch eigene Gefälligkeiten vorbereiten. Folgerichtig hat dies unter China-Experten in Deutschland zur Entwicklung einer Software geführt, die eine Gefälligkeitsbuchhaltung umfasst („Socialize!").

Bedenklich wird das Ganze, wenn aus einem Gefühl der Verpflichtung heraus jemand nicht wagt, „nein" zu sagen. Dann führt das Networking zu unerwünschten Ergebnissen, zu falschen Entscheidungen, zu Unzufriedenheit und inneren Widerständen. Das Denken in Soll und Haben bewirkt, dass nicht mehr die Beziehung an sich im Vordergrund steht, sondern der Austausch von Leistungen. Und dafür gelten dann andere Regeln: Sie wollen immer möglichst mindestens genauso viel erhalten, wie Sie geben, und wenn Sie mehr geben, als Sie zurückerhalten, steht jemand in Ihrer Schuld. Wenn Ihr Networking so abläuft, wird niemand mehr unbefangen helfen oder Hilfe annehmen können.

In echten Netzwerken macht das Geben und Nehmen beiden Seiten Freude, es ist für beide ein Gewinn, denn die Beziehung wird dadurch auf jeden Fall vertieft, man lernt sich besser kennen und baut Vertrauen auf. Es entsteht keine Verpflichtung, jede Gegenleistung erfolgt freiwillig und ohne Druck. Das heißt aber nicht etwa, dass ein Netzwerk ein Selbstbedienungsladen wäre. Es wird genau registriert und spricht sich schnell herum, wie viel jemand gibt und wie viel er nimmt. Aber das Geben und Nehmen ist nicht wie ein Tauschgeschäft, bei dem auf jede Leistung sofort eine Gegenleistung erfolgen muss. Wer einem Netzwerkpartner einen Gefallen getan hat, kann auch einen ganz anderen Netzwerkpartner um Unterstützung bitten und wird sie in der Regel erhalten.

Networking ist nicht Vitamin B

Vitamin B – darunter versteht man, dass jemand etwas nicht aus eigener Kraft erreicht, sondern aufgrund von Beziehungen, zum Beispiel weil die Eltern oder gute Freunde einen Entscheidungsträger kennen. Oder denken Sie an Seilschaften, in denen alle Mitglieder an der Beförderung des nächsthöheren Mitglieds arbeiten und dann jeweils auf dessen Posten nachrücken dürfen, obwohl andere Kandidaten qualifizierter wären.

Der Darmstädter Soziologieprofessor Michael Hartmann hat nachgewiesen, wie sehr die Chance, in einem Spitzenunternehmen der deutschen Wirtschaft Karriere zu machen, von der sozialen Herkunft abhängt. Selbst wenn man nur Menschen betrachtet, die es – unabhängig von ihrer Herkunft – bereits zu einem Doktortitel gebracht haben, liegen die Chancen auf eine Spitzenkarriere bei einem Promovierten aus einer Arbeiterfamilie bei 1 : 200, bei Kindern von Kaufleuten, freiberuflichen Akademikern und leitenden Angestellten sind sie dagegen zehnmal so hoch (1 : 20). Die Chancenungleichheit hat dabei im Untersuchungszeitraum (der mit dem Promotionsjahrgang 1955 beginnt) eher noch zugenommen.

Meistens ist es jedoch nicht direkte Einflussnahme, die zur Bevorzugung von Bewerbern führt, vielmehr wirken dabei subtilere Mechanismen: „Die Entscheidung über die Besetzung von Spitzenpositionen erfolgt dementsprechend anhand einiger weniger Persönlichkeitsmerkmale, die (...) als sicheres Indiz für eine ‚gleiche Wellenlänge‘ oder die ‚richtige Chemie‘ angesehen werden. (...) vier Merkmale: die Vertrautheit mit den in den Vorstandsetagen gültigen Dress- und Verhaltenscodes, eine breite bildungsbürgerlich ausgerichtete Allgemeinbildung, eine ausgeprägte unternehmerische Einstellung (inkl. der dafür als notwendig erachteten optimistischen Lebenseinstellung) und als wichtigstes Element persönliche Souveränität und Selbstsicherheit."[1] Dabei wird sehr genau darauf geachtet, dass das entsprechende Verhalten nicht „angelernt" oder „bemüht" ist. Wirklich souverän im beschriebenen Sinn wirkt deshalb meist nur derjenige, der selbst im gehobenen Bürgertum oder Großbürgertum aufgewachsen ist.

Was für Vorstandsposten gilt, trifft auf alle anderen Karriereebenen ebenfalls zu: Die Familie und das persönliche Netzwerk bestimmen, über welche sozialen Kompetenzen und Soft Skills man verfügt und diese wiederum sind – neben fachlichen Qualifikationen und Beziehungen – entscheidend für den beruflichen Erfolg. Und je höher die Position ist, umso mehr kommt es auf die „weichen" Fähigkeiten an, die man nicht in der Schule oder Universität lernen kann. Das hat eine Reihe wichtiger Konsequenzen: Zum einen müssen wir uns von dem Mythos verabschieden, über einen gleichberechtigten Zugang zu Bildung auch gleiche Karrierechancen erhalten zu können. Diese Art von Gerechtigkeit gibt es de facto nicht. Zum anderen wird deutlich, dass das persönliche Netzwerk, mit dem wir uns umgeben, nicht nur direkt über Empfehlungen, sondern auch mittelbar über die sozialen und „weichen" Fähigkeiten, die wir dort erlernen, einen erheblichen Einfluss auf unsere Erfolgschancen im Leben hat. Anders ausgedrückt: Wenn Sie sozial aufsteigen wollen, geht es nicht nur darum, dass Sie die Leute kennen lernen, denen Sie näher sein wollen, sondern Sie müssen ihnen auch ähnlicher werden.

---

1 Michael Hartmann: Der Mythos von den Leistungseliten. Frankfurt 2002, Seite 122.

Ich möchte damit nicht etwa empfehlen, die eigene Herkunft zu verleugnen. Ganz im Gegenteil: Die Erkenntnis, dass man in Bezug auf manche Karriereziele gegenüber anderen mit erheblichem Handicap antritt, kann sehr entspannend sein und einen zu hohen Erwartungsdruck vermeiden, den sich der Einzelne oft selbst auferlegt. Die soziale Herkunft wird zudem immer einen Einfluss darauf haben, ob wir uns in bestimmten Netzwerken und mit bestimmten Menschen überhaupt zu Hause fühlen. Begreifen Sie Networking deshalb als Chance, Menschen kennen zu lernen, die bereits da sind, wo Sie hin wollen. Fühlen Sie sich bei ihnen wohl? Dann werden Sie von ihnen gerne die „weichen Faktoren" erlernen, die für Ihre weitere Entwicklung notwendig sind. Fühlen Sie sich dagegen eher unwohl, dann können Sie sich viele Anstrengungen ersparen und stattdessen herausfinden, ob es nicht lohnendere Ziele für Ihre persönliche Entwicklung gibt.

2. So nützt Ihnen Ihr Netzwerk ganz konkret

Die Ziele, die Sie mit Networking verfolgen können, sind ganz unterschiedlich. Worum geht es Ihnen? Möchten Sie sich persönlich weiterentwickeln? Ihrer Karriere einen Schub geben? Auf angenehmere Art akquirieren? Oder gar das Networking zum Beruf machen? Was dabei zu beachten ist, erfahren Sie in diesem Kapitel.

Networking ist paradox: Aufträge, Jobs, Karriere – all das kommt fast wie von selbst, wenn Sie über ein gutes Netzwerk verfügen. Doch umgekehrt gilt auch: Je mehr Sie sich beim Netzwerken auf diese Ziele fixieren, umso schwerer wird es Ihnen fallen, sie zu erreichen und das zugrunde liegende Netzwerk aufzubauen. Setzen Sie sich deshalb zunächst ganz andere, näher liegende Ziele: Lernen Sie Menschen kennen, um Spaß zu haben, sich gut zu unterhalten, Freunde zu gewinnen, oder um im eher beruflichen Bereich Wissen und Erfahrungen auszutauschen, sich gegenseitig zu unterstützen und erfolgreich zusammenzuarbeiten. Auf diese Weise können Sie belastungsfähige Kontakte aufbauen und Networking-Erfahrung gewinnen, mit deren Hilfe Sie dann auch Ihre „größeren" Ziele erreichen.

Spaß und Freundschaft

Wenn Sie mit den Leuten aus Ihrem Netzwerk Spaß haben, sich gut unterhalten und gegenseitig zum Lachen bringen, dann ist das nicht nur eine gute Grundlage für Networking, sondern das erste und schönste Ziel, das Sie mit Networking erreichen können. Als guter Netzwerker wissen Sie jeden Tag, wo Sie hingehen oder mit wem Sie sich treffen könnten. Sie schöpfen aus dem Vollen, lernen ständig neue interessante Menschen kennen und pflegen den Kontakt zu Ihrem großen Bekanntenkreis. Natürlich wird es Ihnen auch manchmal zu viel und Sie machen sich eine Weile rar. Aber Sie sind bestimmt nicht einsam, wenn Sie es nicht wollen. Sie haben ein prall gefülltes Telefonbuch. Aus Ihren Kontakten entwickeln sich immer wieder schöne Freundschaften auf ganz unterschiedlichen Ebenen. Wenn Sie Erfolg haben, freuen sich andere mit Ihnen. Klingt das attraktiv für Sie? Oder sehen Sie die damit verbundene Vermischung von Persönlichem und Geschäftlichem eher kritisch?

Es gibt viele Menschen, die Privat- und Berufsleben klar zu trennen versuchen. Wenn Sie erfolgreich networken wollen, können Sie eine solche Trennung jedoch nicht aufrechterhalten. Denn nur wenn Sie als ganzer Mensch in Erscheinung treten, mit Stärken und Schwächen, werden Sie von anderen als authentisch erlebt und nur dann wird man Ihnen auch selbst Offenheit und Vertrauen entgegenbringen. Die meisten Gesprächspartner haben ein feines Gespür dafür, ob Sie ehrlich sind oder eine Fassade aufbauen. Zudem kostet die Abschottung von Privat-und Berufsleben emotionale Energie, die an anderer Stelle fehlt. Viele Menschen, die sich entschließen, im Beruf offener mit ihrem Privatleben umzugehen und mehr Persönliches einzubringen, erleben, dass sich dadurch die Beziehung zu Kollegen und andere geschäftliche Kontakte erheblich vertiefen. Die Beziehungen gewinnen plötzlich eine neue Qualität. Es gibt mehr Raum für Gemeinsamkeiten, für gegenseitiges Vertrauen und Sympathie.

Persönliche Unterstützung

Netzwerk ist ein anderes Wort für gegenseitige Unterstützung: Netzwerke können uns in Notsituationen auffangen. Wir kennen Menschen, die wir um Unterstützung bitten können, die uns trösten, coachen und motivieren. Oft beruht das auf Gegenseitigkeit: Wir sprechen uns gegenseitig Mut zu, geben uns moralische Unterstützung, zum Beispiel nach einem Jobverlust. Gerade in Krisen erweist sich, wie viel eine Freundschaft wert ist.

Hierzu ein – zugegebenermaßen extremes – Beispiel: Was tun Sie, wenn auf einmal die Staatsanwaltschaft vor der Tür eines Bekannten steht und die Presse über ihn herzieht? Wollen Sie dann noch Kontakt zu ihm halten? Glauben Sie ihm, dass er wirklich unschuldig ist? Rufen Sie ihn an und gehen von seiner Unschuld aus, solange er noch nicht verurteilt ist? Wenn Sie in einer solchen Extremsituation zu jemandem stehen, wird das Ihre Beziehung ungemein festigen. Von daher ist persönliche Unterstützung nicht nur ein wichtiger Nutzen eines Netzwerks, sondern zugleich etwas, was die Beziehungen vertieft. Das ist der Grund, warum man zu denjenigen, mit denen man schwierige Situationen bestanden hat, oft eine sehr lang anhaltende Freundschaft entwickelt: Mitschüler oder Kommilitonen, mit denen man für die Abschlussprüfungen gebüffelt hat, Kollegen, mit denen man die Lehr- oder Traineezeit absolviert hat.

Gerade wenn Sie sich aus Ihrem bisherigen Umfeld herauslösen wollen, weil Sie sich selbständig machen, befördert werden oder in eine neue Firma wechseln, sollten Sie sicherstellen, dass Sie über ein persönliches Unterstützungsnetzwerk verfügen. Halten Sie als Angestellter Kontakt zu den alten Kollegen. Vielleicht können Sie ihn jetzt sogar intensivieren und offener mit den Betreffenden sprechen, weil Sie nicht mehr in einem Vorgesetzten- oder Konkurrenzverhältnis zueinander stehen. Wenn Sie sich selbständig machen, lernen Sie in der Gründungsphase viele andere Gründer und Selbständige kennen. Für Selbständige ist ein solches Unterstützungsnetzwerk ganz besonders wichtig, denn sie haben keine Arbeitskollegen, mit denen sie sich austauschen können. Mit Mitarbeitern oder Kunden können sie in der Regel nicht so offen sprechen. Auch wenn bei Ihnen keine große Änderung ansteht, werden Sie von einem solchen Netzwerk profitieren, das Sie dann ja in aller Ruhe aufbauen können. Sie werden erfahren, dass andere ganz ähnliche Probleme haben wie Sie selbst und Sie werden sich gegenseitig helfen, mit diesen Herausforderungen fertig zu werden.

Informations- und Wissensaustausch

Networking hat sehr viel mit dem Austausch von Informationen, Erfahrungen und Wissen zu tun. „Gut vernetzt" ist jemand, der über hervorragende Informationen verfügt, Dinge vor anderen erfährt, wissend nickt, während andere von einer Mitteilung überrascht werden. Besonders wichtig sind „heiße Informationen" natürlich für Journalisten, die diese dann als Erste veröffentlichen können. Dazu gehört aber umgekehrt auch der vertrauensvolle Umgang mit Informationen. Als guter Networker werden Sie häufig etwas erfahren, was noch nicht für die Öffentlichkeit bestimmt ist, zum Beispiel weil jemand Ihren Rat dazu sucht oder sich einfach mitteilen möchte. Manchmal handelt es sich auch um Gerüchte. In einem solchen Fall sollten Sie zuerst den Betroffenen darüber informieren und seine Haltung dazu erfragen – so wie ein guter Journalist immer zunächst die Akteure seiner Geschichte um eine Stellungnahme bittet. Was den Umgang mit Informationen betrifft, kann man als Networker also viel von professionell und verantwortungsvoll handelnden Journalisten lernen.

Auch Pressearbeit ist eine Frage des richtigen Networking. Es genügt nicht – wie viele denken –, eine gut formulierte Pressemitteilung in Umlauf zu bringen. Für den Journalisten ist entscheidend, ob es sich bei Ihnen als Urheber der Pressemitteilung um eine glaubwürdige „Quelle" handelt. Wer nicht gerade für ein großes Unternehmen oder eine staatliche Organisation arbeitet, muss also zunächst ein Vertrauensverhältnis zur Presse aufbauen, zum Beispiel durch kontinuierliche Bereitstellung verlässlicher Informationen.

Es geht beim Networking aber nicht nur um „heiße Informationen", sondern auch um die Weitergabe von Erfahrung und Wissen: Sie sprechen über Produkte, die Nachfrageentwicklung, die Wettbewerber, vergleichen sich vielleicht miteinander, tauschen untereinander Tipps aus, schauen über den Tellerrand Ihres eigenen Unternehmens hinaus und lassen sich inspirieren. Hier zeigt sich besonders klar, dass Networking kein Nullsummenspiel ist: Die Weitergabe von Wissen und Erfahrungen kostet den Gebenden nichts, kann jedoch bei seinem Gesprächspartner großen Nutzen schaffen und zugleich die Beziehung und das gegenseitige Vertrauen vertiefen.

Der Austausch von Wissen gilt in unserer Gesellschaft, in der sich das Wissen immer schneller verändert und vergrößert, als überlebenswichtig. In großen Unternehmen gibt es sogar eigene Verantwortliche für das Wissensmanagement. Der Versuch, das relevante Wissen einer Organisation in Datenbanken abzubilden, ist aber immer wieder fehlgeschlagen. Die Verantwortlichen haben erst nach und nach erkannt, dass der Schlüssel zu einem erfolgreichen Wissenstransfer im Unternehmen die Vernetzung der Mitarbeiter ist, das Schaffen einer Kommunikationskultur, in der sie sich auch über Abteilungs- und Fachgrenzen hinweg offen und vertrauensvoll miteinander austauschen.

Empfehlungen

Eine besondere Form des Wissensaustausches sind Empfehlungen. Dabei geht es um das Wissen über eine Person oder ein Produkt. Wenn Sie einen wirklich guten Arzt oder Spezialisten suchen oder auch ein Restaurant, dann werden Sie nicht einfach in die „Gelben Seiten" schauen, denn diese enthalten keine Angaben über die Qualität der gelisteten Anbieter. Längst haben Verzeichnisanbieter diesen Mangel erkannt und online die Möglichkeit zur Bewertung und Kommentierung geschaffen. Doch diese Statements sind anfällig für Manipulationen und hängen immer von der Person des Bewertenden ab. Gelten für ihn überhaupt vergleichbare Auswahlkriterien oder hat er einen völlig anderen Geschmack?

Die öffentliche Bewertung stößt sehr schnell an ihre Grenzen, wenn es nicht um die Bewertung von Produkten geht, sondern von Menschen, zumal wenn der Bewertende zu diesen Menschen in einer Beziehung steht. Wären Sie bereit, über Ihre wichtigsten Geschäftspartner in der Zeitung differenziert Ihre Meinung abzugeben? Deshalb sind vertrauensvolle Gespräche innerhalb eines Netzwerks nach wie vor der effizienteste Weg, um zuverlässige Informationen über andere Personen oder Firmen zu erhalten. Aus diesem Grund haben auch persönliche Empfehlungen von Bekannten fast immer mehr Gewicht als gute Zeugnisse. Der Wert der Empfehlung steigt umso höher, je länger der Gesprächspartner den Empfohlenen schon kennt und je intensiver er mit ihm zu tun hatte. Ein Bewerbungsgespräch oder eine Verkaufsverhandlung ist im Vergleich zu einer längeren Bekanntschaft nur ein kleiner zeitlicher Ausschnitt, der keinen so umfassenden Eindruck von der Person ermöglicht. Natürlich ist eine Empfehlung immer subjektiv und manchmal interessengeleitet. Deshalb kommt es auch darauf an, von wem die Empfehlung kommt, wie lange man ihn schon kennt und welche Erfahrungen man mit seinen Empfehlungen gemacht hat.

Zusammenarbeit und Kooperation

Die Zusammenarbeit unter Kollegen oder die Kooperation unter Selbständigen ist eine weitere Form des Networking, die zugleich einige der bereits erwähnten Aspekte einschließt. Angestellte helfen sich gegenseitig mit ihrer Erfahrung, teilen sich die Arbeit, vertreten einander und stehen gegenüber Vorgesetzten füreinander ein. Als Selbständige erbringen Sie gemeinsam eine Leistung, empfehlen sich gegenüber Kunden oder verkaufen die Leistung des anderen mit, gehen vielleicht sogar zusammen auf neue Kunden zu, etwa über gemeinsame Mailings oder Veranstaltungen. Sie gewähren sich gegenseitig Vorzugskonditionen, tauschen vertrauensvoll Aufträge untereinander aus, ohne dabei auf jeden Euro zu schauen.

Auch hier gilt: Die vertrauensvolle Zusammenarbeit ist kein Nullsummenspiel, sondern schafft eine Win-win-Situation. Durch den gegenseitigen Austausch von Aufträgen sparen Sie sich beispielsweise Zeit für die Akquisition und die Auswahl der Lieferanten. Sie brauchen keine umfangreichen Preisvergleiche durchzuführen oder wasserdichte Verträge auszuhandeln. Durch das gegenseitige Vertrauen sparen Sie die so genannten Transaktionskosten, die bei Marktbeziehungen zwischen Unbekannten unweigerlich auftreten. Bei komplexen Projekten (und schon der Aufbau und die Weiterentwicklung einer Website kann ein solches Projekt sein) geht es heute gar nicht mehr ohne eine vertrauensvolle Zusammenarbeit, denn es ist unmöglich, vorab alle Eventualitäten vorwegzunehmen und vertraglich zu regeln oder den Lieferanten nachträglich zu wechseln. Zudem ist heute die Geschwindigkeit ein entscheidender Wettbewerbsvorteil: Wenn Sie Ihren Partnern vertrauen können, sparen Sie viel Zeit und kommen schneller ans Ziel als Ihre Konkurrenten.

Karriere machen

Für den beruflichen Aufstieg spielt Ihr Netzwerk eine ganz besondere Rolle. Das fängt schon bei dem Zielvereinbarungsgespräch an, in dem Sie – zumindest in größeren Unternehmen – regelmäßig über Gehaltserhöhungen und die weiteren persönlichen Entwicklungsperspektiven sprechen. Ist das die einzige Gelegenheit, bei der Sie im Jahresverlauf mit Ihrem Vorgesetzten solche Themen ansprechen? Oder haben Sie einen so guten Kontakt zueinander, dass er schon Ihre Erwartungen kennt und Sie seine Handlungsmöglichkeiten? Wissen Sie durch Ihr betriebsinternes Netzwerk, wie viel Sie im Kollegenvergleich verdienen „sollten", welche Fortbildungsveranstaltungen man besucht haben „sollte" usw.?

Machen Sie sich auch klar, dass es keineswegs nur auf Ihr persönliches Verhältnis zu Ihrem direkten Vorgesetzten ankommt. Meistens spielt Ihr Ruf unter Kollegen auf der gleichen Ebene eine ganz entscheidende Rolle. Was dort über Ihre fachlichen Fähigkeiten und Ihre Teamfähigkeit erzählt wird, prägt wesentlich den Eindruck, den die Vorgesetzten auf den nächsthöheren Ebenen von Ihnen gewinnen. Kollegen auf der gleichen Ebene, englisch „peers" genannt, kennen die Fähigkeiten untereinander in der Regel sehr viel genauer als Vorgesetzte. Deshalb gibt es in immer mehr Unternehmen auch „peer reviews", bei denen sich die Kollegen – meist anonym – gegenseitig bewerten müssen.

Praxisbeispiel

Ich habe selbst einmal an einer solchen peer review teilgenommen. Dabei hob sich eine Mitarbeiterin besonders hervor: Sie hatte von allen Kollegen in allen Kategorien die höchstmögliche Bewertung erhalten! Es wird Sie nicht überraschen, dass diese Kollegin nicht nur sehr tüchtig war, sondern auch eine hervorragende Networkerin. Sie hatte zu allen Mitarbeitern, auf allen Ebenen, eine gute Beziehung aufgebaut, galt als außerordentlich hilfsbereit und engagiert. In einer Krise hätte sich das Unternehmen wahrscheinlich von ihr zuletzt getrennt! Natürlich kam es nicht dazu: Als tatsächlich eines Tages Entlassungen anstanden, hatte sie längst ein interessantes Stellenangebot einer anderen Abteilung des Unternehmens erhalten.

Intern frei werdende Stellen werden häufig nicht öffentlich ausgeschrieben, sondern nur an diejenigen vergeben, die „zufällig" davon erfahren.

Wie wir bereits gesehen haben, fließen Informationen aber nicht zufällig, sondern über Netzwerkkontakte. Wenn Sie gut vernetzt und entschlossen sind, die Gelegenheit beim Schopf zu packen, bestehen für Sie gute Aussichten, die Stelle zu erhalten. Sie können sich frühzeitig informieren, ob Sie für die Stelle in Frage kommen, wie Sie Ihre Erfolgschancen steigern, wessen Unterstützung Sie benötigen. Sie können sich sogar aktiv ins Gespräch bringen, wenn eine direkte Bewerbung unangemessen wäre.

Eine Faustregel unter Networkern lautet, dass mindestens die Hälfte der Kontakte nicht aus der eigenen Firma stammen sollte. Wenn Sie bei einem größeren Unternehmen angestellt sind, gilt dies analog für Netzwerk-Kontakte innerhalb des Unternehmens: Mindestens die Hälfte davon sollte sich auf Kollegen in anderen Abteilungen oder Bereichen beziehen. Auf diese Weise müssen Sie nicht immer mit denselben Kollegen zu Mittag essen. Vor allem aber lohnt sich das breitere Netzwerk, wenn Sie sich beruflich weiterentwickeln wollen oder eine neue Stelle suchen.

Stellensuche

Auch auf dem Arbeitsmarkt wird Networking zunehmend zum wichtigsten Instrument. Viele Stellen, gerade bei kleineren Unternehmen, werden intern mit Mitarbeitern oder mit Bekannten von Mitarbeitern besetzt. In manchen größeren Unternehmen gibt es Prämien für Mitarbeiter, deren Empfehlung zu einer Einstellung führte. Die Personalmanager kalkulieren mit Empfehlungen aus dem eigenen Haus – ein wichtiger Grund dafür, dass Stellen häufig zunächst intern ausgeschrieben werden. Der Erfolg des Stellenmarktes auf Xing.com lässt sich damit erklären, dass die Networking-Plattform im Gegensatz zu herkömmlichen Stellenbörsen im Internet die gemeinsamen Kontakte zum Bewerber beziehungsweise Stellenanbieter aufzeigt. So können sich beide Seiten übereinander informieren. Der Bewerber kann einen gemeinsamen Bekannten um eine Empfehlung bitten.

Wenn Stellen extern ausgeschrieben werden, dann erhalten die Firmen oft derartig viele Zuschriften, dass eine genaue Prüfung der Zusendungen gar nicht mehr möglich ist. Durch das Einreichen von Bewerbungen via Internet lassen sich diese zwar einfacher elektronisch verarbeiten, ihre Zahl nimmt dadurch aber noch weiter zu. Die Firmen sehen häufig gar keine andere Alternative, als die Auswahl über pauschale und somit ungerechte Kriterien wie das Alter künstlich einzuschränken.

Je höher die Position, umso höher ist der Anteil der Stellen, die über Beziehungen oder über Headhunter besetzt werden, denn eine Fehlentscheidung wird hier besonders teuer – nicht nur in Bezug auf Gehalt und Abfindungen, sondern auch im Hinblick auf den Schaden, den ein solcher Mitarbeiter anrichten kann. Das Risiko einer Fehlentscheidung lässt sich reduzieren, indem man innerhalb des eigenen Netzwerks um Empfehlungen bittet und sich auf diese Weise das vorhandene Wissen über relevante Bewerber erschließt. Headhunter haben sich auf diese Aufgabe spezialisiert: Sie verfügen in der Regel über ein umfangreicheres Netzwerk als ihre Auftraggeber, schon allein deshalb, weil sie einfacher Firmengrenzen überschreiten können, gute Mitarbeiter von Wettbewerbern kennen lernen und gegebenenfalls abwerben können. Sie pflegen die Kontakte zu besonders interessanten Kandidaten und sind immer auf der Suche nach neuen Kontakten. Headhunter, die Spitzenpositionen besetzen, haben sich häufig ein branchenübergreifendes Netzwerk aufgebaut. Andere spezialisieren sich auf Fach- und Führungskräfte innerhalb einer Branche.

Gut zu wissen

Neue Spielregeln bei der Jobsuche

Wenn das oben Beschriebene die Spielregeln sind, wie Stellen vergeben werden, bedeutet das für Sie als Bewerber: Die Gestaltung der schriftlichen Bewerbung ist nur noch ein Faktor unter vielen. Wichtig ist es, sich von der Masse abzuheben, um überhaupt zu einem Vorstellungsgespräch eingeladen zu werden. Sie sollten daher vorab persönlich Kontakt aufnehmen oder eine Empfehlung erhalten. Wenn in der Stellenanzeige eine Telefonnummer veröffentlich wird, sollten Sie diese Gelegenheit auf jeden Fall nutzen, um Genaueres über die Erwartungen der Firma herauszufinden und sich kurz vorzustellen. Vielleicht kennen Sie einen Mitarbeiter im Unternehmen, der Sie empfehlen kann oder auf den Sie sich beziehen können. Nutzen Sie die Suchfunktion auf Networking-Plattformen, um solche Bekannten zu finden. Es geht dabei nicht darum, Beziehungen auszunützen, sondern einen Kontakt zu jemandem herzustellen, der Wissen über Sie besitzt und damit dem Personalentscheider helfen kann, das Risiko seiner Entscheidung zu reduzieren. Generell gilt: Je größer Ihr Netzwerk, umso größer ist die Chance, dass Sie schon frühzeitig von frei werdenden Stellen erfahren und sich somit bewerben können, bevor eine Ausschreibung erfolgt.

Wichtig ist, dass Sie Ihr Netzwerk über Ihre besonderen Kenntnisse und Fähigkeiten informieren. Unterschätzen Sie dabei nicht, wie schwierig es für andere Menschen ist, genau zu verstehen und wiederzugeben, was Sie eigentlich beruflich tun. Geben Sie sich deshalb große Mühe, Ihre Tätigkeit verständlich und anschaulich darzustellen, ohne jedoch ihre Gesprächspartner zu ermüden. Ein gutes Hilfsmittel ist dabei, sich einen „Elevator Pitch" zu überlegen, also eine emotionale Selbstdarstellung, mit der Sie selbst während einer kurzen Aufzugsfahrt (daher der Name) bereits das Wichtigste über sich „rüberbringen". Auf diese Weise drehen Sie den Spieß um und liefern aktiv in das Netzwerk, wonach Personalentscheider und Headhunter suchen: Wissen über Ihre Person.

Übung

Texten Sie Ihren eigenen Elevator Pitch

Beachten Sie dabei die folgenden Tipps:

- Beginnen Sie mit einer Frage oder interessanten Information: „Geht es Ihnen auch oft so …?"

- Verwenden Sie eine Metapher, ein treffendes Bild oder Beispiel. Das weckt Assoziationen und verankert die Botschaft im Gehirn des Zuhörers. Achten Sie darauf, positive Bilder zu wählen.

- Beschreiben Sie keine abstrakten Kompetenzen und Technologien, die Sie beherrschen, sondern ganz konkrete Vorteile für den Kunden oder künftigen Arbeitgeber.

- Sagen Sie, was Sie von anderen unterscheidet.

- Zeigen Sie Ihre Begeisterung.

- Sprechen Sie diejenigen Punkte an, bei denen Ihr Kunde oder künftiger Arbeitgeber Probleme hat, wo es ihm „weh tut" und er dringend Hilfe benötigt.

- Schließen Sie mit einer Frage, die ins Gespräch überleitet, denn ein Elevator Pitch lädt zum Gespräch ein.

- Bleiben Sie nah an der gesprochenen Sprache. Lesen Sie zum Test den Elevator Pitch einem Kollegen laut vor.

Beispiele für gelungene Elevator Pitches finden Sie unter www.jeder-ist-unternehmer.de/elevator_pitch.

Auftragssuche, Kundenbindung und -empfehlung

Stellen Sie sich vor, Sie bräuchten keine Akquisition mehr zu machen: keine Cold Calls, keine Mailings, keine „Kundenakquise nach dem Zufallsprinzip" – wie der amerikanische Autor Tim Templeton diese Art von Verkaufstechniken nennt. Stattdessen bauen Sie eine langfristige Beziehung zu Ihren Kunden auf, die Sie laufend weiterempfehlen und neuen Kontakten vorstellen. Das ist auch das Ideal von Gustav Käser, einem der einflussreichsten deutschen Verkaufstrainer. Er nennt solche Kunden „die aktive Vollreferenz": Kunden, die alle wichtigen Leistungen, die Sie anbieten, aus eigener Erfahrung kennen und die Sie jederzeit um eine Empfehlung bitten können. Oft hört man, dass es nicht ausreicht, seine Kunden zufriedenzustellen, sondern dass es nötig ist, sie zu begeistern, positiv zu überraschen. Ein schönes Beispiel im Buch „Erfolgsfaktor Networking" von Uwe Scheler (München 2005) ist der Weinhändler, der eine neue Lieferung erhält und einem Kunden, von dem er weiß, dass er diesen speziellen Wein besonders genießen wird, eine Flasche schickt. Es geht gar nicht darum, dass der Kunde dann vielleicht eine Kiste bestellen wird. Ziel ist es, dem Kunden eine Freude zu machen, ihn zu überraschen und zu begeistern. Natürlich wird ein solcher Kunde den Händler in seinem eigenen Netzwerk gerne weiterempfehlen.

Praxisbeispiel

Ich selbst habe lange Zeit alle meine Reisen über das Internet gebucht, bis ich auf ein Reisebüro gestoßen bin, dessen Besitzer mich mit einem strahlenden Lächeln wie einen langjährigen Freund begrüßte und mir nach der Beratung seine Visitenkarte zu den Reiseunterlagen legte: „Mit meiner Handynummer. Sie können mich Tag und Nacht anrufen, wenn es während der Reise irgendein Problem geben sollte." Ich habe ihn nie auf seinem Handy angerufen, aber buche seitdem jede Reise dort.

Marketingexperten analysieren den Wert einer Beziehung ganz nüchtern unter dem Begriff „lifetime customer value". Ein Stammkunde, der zehnmal etwas kauft, trägt viel mehr zum Gewinn bei als zehn Einmalkäufer, von denen jeder für sich mit erheblichem Aufwand geworben werden muss. Die Mehrkosten, um einen vorhandenen Kunden zu begeistern, sind im Vergleich zu den Akquisitionskosten für Neukunden oft recht gering. Wenn jeder Kunde zudem im Durchschnitt einen weiteren Kunden wirbt, verdoppelt sich Ihr Umsatz, ohne dass Sie mehr Geld für Akquisition ausgeben müssen. So machen sich Ihre Networking-Maßnahmen über die Kundenbindung schnell in Euro und Cent bezahlt.

Bevor es aber so weit ist, müssen Sie als Existenzgründer oder junges Unternehmen natürlich überhaupt erste Aufträge erhalten und Referenzkunden aufbauen. Auch hier hilft Ihnen Ihr Netzwerk. Denn selbst wenn Sie Ihre Leistung weit unter Wert anbieten, letztlich ist immer das Vertrauen, das Wissen über Ihre Person entscheidend – ganz genau wie bei einer Bewerbung. Bevor Sie ein Angebot machen, müssen Sie zudem herausfinden, wer überhaupt Nachfrage nach Ihrer Leistung hat. In vielen Bereichen gehen die potentiellen Auftraggeber ähnlich wie bei der Mitarbeitersuche vor. Sie fragen im Mitarbeiter- und Bekanntenkreis oder wenden sich an Experten. Deshalb müssen Sie Ihr Angebot zunächst in Ihrem Netzwerk bekannt machen und zwar in einer Art und Weise, dass jedes Netzwerkmitglied verstehen und wiedergeben kann, was Sie genau anzubieten haben.

Professionelles Networking

Wenn Ihnen Networking wirklich Spaß macht, dann wollen Sie vielleicht nichts anderes mehr tun. Vielleicht werden Sie Spitzenverkäufer, denn echte Top-Verkäufer verkaufen nichts und überreden niemanden, sondern betreiben vor allem Networking. Sie erfahren frühzeitig, wenn sich irgendwo eine Gelegenheit auftut, und stellen dann Kontakt zu den richtigen Leuten her. Networking ist auch die Hauptbeschäftigung und wichtigste Qualifikation von vielen Politikern, Unternehmern und Spitzenkräften der Wirtschaft – sie sind letztlich ebenfalls Top-Verkäufer, die Gelegenheiten erkennen und die richtigen Leute zusammenbringen. Viele besonders begnadete Networker haben auch mit Medien zu tun, ob als Journalist oder – auf der anderen Seite – als PR-Verantwortlicher, oder sind als Eventmanager für die Planung von Veranstaltungen verantwortlich. Vielleicht organisieren sie sogar ihr eigenes Netzwerk oder arbeiten für einen Verband.

Viele hervorragende Networker, mit denen ich gesprochen habe, haben früher oder später von einem Headhunter angeboten bekommen, selbst Headhunter zu werden. Das ist nicht weiter überraschend, denn ein großes aktives Netzwerk ist das Kapital eines Personalvermittlers und die meisten

Netzwerker berichten, dass sie selbst schon oft um die Empfehlung von Mitarbeitern gebeten worden sind oder Bekannte aus ihrem Netzwerk für Stellen vorgeschlagen haben: „Wenn ich für jede Stelle, die ich auf diese Weise schon besetzt habe, drei oder vier Monatsgehälter bekommen hätte – wie bei den Headhuntern üblich –, dann hätte ich schon längst ausgesorgt."

Das Zusammenbringen der richtigen Leute zur richtigen Zeit ist die Königsdisziplin des Networking. So erzählt ein begeisterter Networker: „Das ist der Idealzustand: Wenn nicht nur du versuchst, andere zu vernetzen, sondern du selbst auf gute Netzwerker triffst. Ich verbandle Leute und die verbandeln mich. Das ist der siebte Himmel. Es gibt nichts Schöneres, als zwei Leute zusammenzubringen, die unterhalten sich und verstehen sich blendend."

Da überrascht es nicht, wenn ein befreundeter Personalmanager und Power-Networker mir erzählt: „Wenn es mit dem Beratungsgeschäft mal nicht mehr so gut laufen sollte, dann mache ich eine Heiratsvermittlung auf. Ganz im Ernst!"

Gut zu wissen

Achtung: doppeldeutig!

Bei Gesprächen über das Thema Networking kommt es manchmal zu Missverständnissen, weil einige häufig verwendete Begriffe doppeldeutig sind.

Kontakt – Das ist zum einen die Person, die wir kennen gelernt haben: „Das ist ein interessanter Kontakt." Zum anderen bezeichnen wir als Kontakt aber auch jede Interaktion: ein Telefongespräch, eine Begegnung, der Austausch von E-Mails. Beispiel: „Ich hatte häufig Kontakt zu ihm."

Netzwerk – Zunächst denkt man hierbei an ein formelles oder informelles Netzwerk, also eine Gruppe von Menschen, die ähnliche Interessen verfolgen, zum Beispiel ein Branchennetzwerk oder -verband. Davon zu unterscheiden ist das persönliche Netzwerk der eigenen direkten und mittelbaren Kontakte.

Beziehung – Darunter versteht man zum einen eine Zweierbeziehung, also eine mehr oder minder langfristige Freundschaft. Aber beim Networking sprechen wir von Beziehung schon dann, wenn aufgrund regelmäßiger Kontakte eine gewisse Bekanntschaft entstanden ist, in Abgrenzung zu einem einmaligen Kontakt. Netzwerk-Beziehungen können durchaus den Charakter von Freundschaften haben, müssen dies aber keineswegs. Man spricht in diesem Zusammenhang häufig treffend von „Geschäftsfreunden".

3. Wie Networking wirklich funktioniert

Um erfolgreich zu netzwerken, müssen Sie keinem bestimmten Typ entsprechen und sich auch nicht komplett verändern. In diesem Kapitel erfahren Sie, welche Spielregeln beim Networking gelten und welche innere Einstellung dazu beiträgt, dass alle Beteiligten profitieren.

Ob Sie nun der geborene Networker sind oder nicht, ob eher introvertiert oder nach außen gerichtet, von den folgenden Tipps kann jeder profitieren. Es kommt einfach darauf an, dass Sie den für sich passenden Weg finden. Verstellen Sie sich nicht: Networking ist kein taktisches Verhalten, sondern eine Lebenshaltung. Networking ist erlernbar. Wenn Sie sich mit der richtigen Einstellung an die Sache machen, wird Ihnen das Lernen sicherlich sehr viel mehr Spaß machen und Sie werden schneller erste Erfolge erzielen.

Ihre Einstellung beeinflusst den Gesprächsverlauf

Es hängt nicht allein von Ihrem Gesprächspartner ab, wie eine Begegnung verläuft, sondern ganz wesentlich davon, wie Sie auf ihn zugehen, was Sie zu ihm sagen, wie Sie seine Reaktion interpretieren und dann wiederum selbst auf das wahrgenommene Verhalten reagieren. Wenn Sie ihm zum Beispiel Vorurteile entgegenbringen, werden Sie diese wahrscheinlich aufgrund seiner Reaktionen schnell bestätigt finden. Ihre Einstellung zu Ihrem Gegenüber beeinflusst also erheblich, wie ein Gespräch verläuft. Mit der folgenden Übung können Sie trainieren, sich positiv auf einen Gesprächspartner einzustimmen.

Übung

- Überlegen Sie sich beim Aufstehen oder auf dem Weg zur Arbeit drei (fünf, zehn) Gründe, warum Sie sich auf den neuen Tag freuen.
- Überlegen Sie sich zu Beginn einer Unterredung drei (fünf, zehn) Gründe, warum Sie Ihren Gesprächspartner sympathisch finden.

Ziel ist nicht, dass Sie jeden sympathisch finden, und natürlich sollten Sie sich nicht zwingen, mit Leuten Kontakt zu pflegen, die Sie enttäuscht oder verletzt haben. Aber treten Sie Ihren Gesprächspartnern offen und ohne Vorurteile gegenüber. Projizieren Sie nicht eigene Ängste auf sie, sondern seien Sie neugierig zu erfahren, wie Ihr Gegenüber wirklich ist. Seien Sie tolerant und ziehen Sie nicht gleich innerlich über jeden Fehler des anderen her. Deshalb sind Sie doch nicht gleich ein Heuchler!

Zudem sollten Sie Ihrem Gesprächspartner einen Vertrauensvorschuss geben. Die meisten Menschen verdienen unser Vertrauen. Und gerade diejenigen, von denen wir es zunächst nicht vermuten, werden nicht selten zu den besten Freunden – wenn der Aufbau einer Beziehung gelingt. Natürlich gibt es auch Menschen, die vor allem auf ihren eigenen Vorteil bedacht sind, die Ihr Vertrauen nicht verdienen. Wenn Sie zu diesem Schluss kommen, obwohl Sie offen auf diese Menschen zugegangen sind, dann halten Sie sich von ihnen fern, auch wenn eine Zusammenarbeit unter manchen Aspekten vielversprechend erscheinen mag. Bedenken Sie, dass Sie nicht von dem Kontakt zu diesen Menschen abhängig sind, sondern viele andere kennen lernen können, die Ihr Vertrauen wert sind.

Selbstsicherheit versus Schüchternheit

Nicht nur Ihre Einstellung zum Gesprächspartner bestimmt mittelbar über Ihr Verhalten und Ihre Wahrnehmung den Gesprächsverlauf. Auch Ihre Einstellung zu sich selbst ist von entscheidender Bedeutung. Sind Sie zu 100 Prozent überzeugt von sich selbst? Und falls Sie nicht nur sich selbst vertreten müssen: von Ihrer Firma, von Ihrem Produkt? Wie zufrieden Sie selbst sind, strahlt nach außen. Wenn Sie selbst nicht an sich oder Ihre Leistungen glauben, wird sich Ihre Unsicherheit auf den Zuhörer übertragen. Denn ob ein Experte gut oder schlecht ist, können Sie inhaltlich gar nicht immer beurteilen. Viel hängt von dem Selbstbewusstsein ab, mit dem er auftritt. Daraus schließen Sie auf die Qualität zurück. Prüfen Sie sich deshalb: Beschäftigen Sie oft negative Gedanken über sich selbst? Was geht Ihnen in Networking-Situationen durch den Kopf und lässt Sie vielleicht unsicher werden? Die nächsteÜbung hilft Ihnen dabei, Ihr Selbstbewusstsein zu stärken.

Übung

Notieren Sie sich negative Gedanken, die immer wieder auftreten. Versuchen Sie, diese positiv umzudeuten. Beispiel: Sie sind vielleicht nicht so erfolgreich wie X, dafür geht es Ihnen aber viel besser als Y. Schreiben Sie: Mir geht es besser als Y.

Jeder würde wohl der Ansicht zustimmen, dass es für extrovertierte, selbstsichere Personen leichter ist, auf fremde Menschen zuzugehen, als für introvertierte und schüchterne. Trotzdem sind die Extrovertierten nicht automatisch in jeder Beziehung die besseren Netzwerker. Häufig ist sogar das Gegenteil der Fall: Es fällt Ihnen oft schwer, dauerhafte Beziehungen zu führen. Sie wirken oberflächlicher als Introvertierte, reden viel und können nicht geduldig zuhören. Nicht selten gehen sie anderen Menschen auf die Nerven oder verletzen ungewollt deren Gefühle. In all diesen Bereichen können introvertierte Personen deutlich überlegen sein.

Der Psychologieprofessor Uwe Scheler hat ein spezielles „Trainingsprogramm für Schüchterne" entwickelt, das den Betreffenden beim Networking helfen soll.[2] Der wichtigste Punkt dabei lautet: Sie müssen sich die positiven Seiten Ihrer Persönlichkeit bewusst machen, statt sich auf die Mängel zu konzentrieren. Aus Angst, andere zu stören und zurückgewiesen zu werden, halten Sie sich nämlich bei der Anbahnung neuer Kontakte zurück. Ihre Herausforderung besteht von nun an darin, sich in Zukunft nicht mehr so viele Gedanken zu machen, wenn Sie auf andere Menschen zugehen.

Übung

Formulieren Sie Ihre Ängste aus und übertreiben Sie dabei bewusst. Wovor fürchten Sie sich? Was ist das Schlimmste, das passieren könnte?
Übertreiben Sie so stark, dass Sie selbst darüber lachen müssen. Machen Sie sich klar, dass es Ihre eigenen Ängste sind, die Sie zurückhaltend werden lassen, und dass die meisten Menschen keineswegs ablehnend auf Sie reagieren.

Denken Sie daran: Bei Networking-Kontakten geht es nicht ums Überleben. Wenn Sie mit jemandem keine Anknüpfungspunkte finden, können Sie das Gespräch höflich beenden und sich jemand anderem zuwenden. Wenn sich jemand nicht für die von Ihnen angebotenen Leistungen interessiert, dann ist das ganz normal, denn Sie können ja nicht erwarten, dass jeder Gesprächspartner gerade jetzt Bedarf nach Ihrem Produkt hat oder

---

2 Uwe Scheler: Erfolgsfaktor Networking. München 2005.

einen Arbeitgeber kennt, der für Sie eine offene Stelle anbietet. Trotzdem lohnt es sich zu prüfen, ob nicht auf anderen Gebieten Gemeinsamkeiten bestehen, die es ermöglichen, eine Beziehung aufzubauen.

Machen Sie es sich aber auch nicht unnötig schwer, indem Sie auf eine Veranstaltung mit vielen Menschen gehen, von denen Sie niemanden kennen. Suchen Sie sich nicht ausgerechnet den begehrtesten Gesprächspartner zur Übung. Steigern Sie sich lieber allmählich und gönnen Sie sich Erfolgserlebnisse: Sprechen Sie über kleine, unwichtige Dinge – es muss nicht gleich der Beginn einer lebenslangen Freundschaft sein. Sagen Sie anderen, was Sie gut an ihnen finden. Übernehmen Sie eine zeitlich begrenzte Aufgabe, die Sie mit anderen in Kontakt bringt, zum Beispiel die Organisation einer Veranstaltung. Freuen Sie sich über die positiven Erlebnisse und Fortschritte, die Sie machen!

Ziele und Absichten

In vielen Ratgebern wird betont, dass Sie sich zunächst ganz klare Ziele für Ihr Networking setzen sollten. Ich empfehle Ihnen das Gegenteil, denn es erschwert den Aufbau von Beziehungen, wenn Sie immer mit einer bestimmten Erwartungshaltung herangehen. Sie werden sich dann selbst blockieren und den Aufbau zu einem „Mittel zum Zweck" degradieren. Das ist schade für eine Beziehung, die doch zuallererst Selbstzweck sein sollte. Damit möchte ich jedoch nicht sagen, dass Sie im Leben keine Ziele haben sollten, denn wenn Sie Ziele verfolgen, an denen Ihnen wirklich etwas liegt, dann werden diese Sie motivieren und Ihnen Energie geben. Wenn Sie darüber sprechen, werden Sie dies mit Begeisterung tun. Das macht Sie für andere interessant und attraktiv. Sie können über Ihre Wünsche und Ziele daher ganz offen reden. Fragen Sie andere um Rat und bitten Sie gegebenenfalls um Unterstützung.

Vergessen Sie aber nicht, dass es *Ihre* Ziele und Wünsche sind, um die es geht. Machen Sie sie nicht zu den Problemen anderer. Wenn Sie eine Erwartungshaltung an Ihren Gesprächspartner aufbauen, kann er nicht mehr freiwillig und großzügig geben, sondern sieht sich plötzlich unter Druck. An Stelle des positiven Erlebnisses, Ihnen helfen zu dürfen, tritt ein negatives Gefühl, die Angst, überfordert zu werden und Sie möglicherweise zu enttäuschen. Wie sehr hoch gesteckte Erwartungen das Erreichen von Zielen behindern, wissen Sie sicherlich aus eigener Erfahrung. Je mehr man sich selbst verkrampft und etwas Bestimmtes erreichen möchte, umso schwieriger wird es oft.

Das erklärt vielleicht, warum Bärbel Mohrs Buch „Bestellungen beim Universum" (Aachen 2004) zum Bestseller wurde und viele, die das doch reichlich esoterische Buch anfangs kritisch lesen, später begeistert berichten, dass die Wunschbestellung beim Universum tatsächlich funktioniert. Mohr wiederholt zunächst einige allgemein anerkannte Empfehlungen zum Thema Zielerreichung: Sie sollten Ihre Ziele positiv formulieren (keine Verneinungen!), möglichst konkret und anschaulich beschreiben und sich den künftigen Zustand am besten bildhaft ausmalen. Außerdem setzen Sie einen festen Termin, bis wann der Wunsch erfüllt sein soll.

Der entscheidende Unterschied besteht nun darin, dass die Bestellung „beim Universum" erfolgt. Sie sprechen den Wunsch aus und verlassen sich in einer Art kindlichem Vertrauen darauf, dass das Universum ihn bis zum angegebenen Liefertermin erfüllen wird. Sie dürfen nur nicht ungeduldig werden oder zweifeln. Laut Mohr wird Ihnen das Universum Hinweise und Gelegenheiten bieten, das Ziel zu erreichen. Diese brauchen Sie nur noch zu erkennen und zu nutzen. Wenn der Wunsch nicht erfüllt wird, kann dies eine Reihe von Gründen haben. Vielleicht war es einfach nicht der richtige Wunsch?

Ich kann Ihnen diesen Umgang mit Zielen nur empfehlen: Überlegen Sie sich, was für Sie eigentlich die richtigen Ziele sind. Entwickeln Sie eine konkrete, positive Vision dessen, was Sie erreichen wollen, und glauben Sie fest an die Erreichbarkeit. Verschieben Sie die Verantwortung dafür ruhig auf das Universum oder den lieben Gott: Damit setzen Sie weder sich noch andere unter hinderlichen Erwartungsdruck. Wenn Sie eine solche optimistische und selbstsichere Einstellung entwickelt haben, brauchen Sie tatsächlich nur noch auf Hinweise und Gelegenheiten zu achten, wie Sie Ihr Ziel erreichen können. Wenn Sie sich einen neuen Job wünschen, werden Sie zum Beispiel mal wieder die Stellenanzeigen anschauen, die Sie bisher missmutig weggelegt haben, weil Sie doch nicht mehr damit gerechnet haben, eine Ihren Wünschen entsprechende Stelle zu finden. Und natürlich werden Sie auch unbelasteter und optimistischer in Ihrem Netzwerk um Unterstützung fragen beziehungsweise den Rat von Bekannten annehmen können. Auch hier gilt wieder, dass Ihre innere Einstellung einen großen Einfluss auf die Realität hat – und daran ist überhaupt nichts Esoterisches.

Sie haben schon ein Netzwerk!

Wenn Sie Ihr Networking verbessern wollen, müssen Sie nicht gleich zum Partylöwen werden, wildfremde Menschen ansprechen und ein völlig neues Netzwerk aufbauen. Beginnen Sie vielmehr mit Ihrem vorhandenen Netzwerk und intensivieren Sie Ihre bestehenden Kontakte. Auf diese Weise werden Sie schnell erste spürbare Erfolge erzielen und sich mit den Methoden des Networking vertraut machen. Beginnen Sie, indem Sie eine Bestandsaufnahme machen.

Übung

Wenn Sie ganz systematisch vorgehen wollen, können Sie sich ganz einfach ein Mindmapping-Programm aus dem Internet herunterladen.[3] Damit können Sie Ihr Netzwerk hervorragend visualisieren: Sie sind der Mittelpunkt und zeichnen Äste für Ihre verschiedenen Lebensbereiche und -abschnitte, wie Kollegen, Geschäftsfreunde, Ex-Kollegen, Studienfreunde, Mitschüler, Vereine und Netzwerke, Nachbarn usw. Teilen Sie diesen Bereichen dann Ihre Kontakte zu.
Unter Familie können Sie zum Beispiel Ihre Schwester eintragen, dann von ihrem Namen abgehend deren Familienangehörige, Menschen, die Sie über Ihre Schwester kennen gelernt haben usw. Unter Ex-Kollegen tragen Sie die verschiedenen Firmen ein, für die Sie bisher gearbeitet haben, und die Kollegen, die Sie aus dieser Zeit noch kennen.

Sie sehen schon anhand dieser wenigen Beispiele: Das Mindmapping spornt Ihre Kreativität an. Dabei wird Ihnen sicher eine ganze Reihe von Kontakten einfallen, an die Sie schon lange nicht mehr gedacht haben. Sie können auch Ihr Adressenverzeichnis zu Hilfe nehmen. Bei der Überlegung, wohin ein bestimmter Kontakt gehört, werden Sie auf weitere „Äste" aufmerksam und damit auf Kontakte, die Sie sonst übersehen hätten.

Während eine Zeichnung auf einem Blatt Papier rasch ziemlich unübersichtlich werden würde, können Sie mit Hilfe eines Mindmapping-Programms auch große Netzwerke übersichtlich darstellen und dann –

---

3 Fast alle Anbieter stellen Testversionen mit vollem Leistungsumfang zur Verfügung, die zeitlich begrenzt genutzt werden können. Eine Liste von Programmen finden Sie unter www.jeder-ist-unternehmer.de/mindmapping.

zum Beispiel getrennt nach Ästen – ausdrucken. Bestimmte Kontakte, etwa solche, die nicht mehr aktiv sind, die Sie aber gerne wieder aufleben lassen würden, können Sie farblich oder durch den Einsatz von Symbolen besonders hervorheben.

Bei einer solchen Bestandsaufnahme werden Sie vielleicht überrascht bemerken, wie viele ausbaufähige Kontakte Sie im Lauf Ihres Lebens bereits geknüpft haben und wie wenige davon Sie wirklich aktiv pflegen. Lassen Sie sich davon nicht entmutigen, sondern freuen Sie sich über das Potential an Kontakten, über das Sie bereits verfügen. Wenn Ihre Mindmap allzu sehr auszuufern droht, können Sie einen Filter „einschalten", indem Sie sich beispielsweise überlegen, wem von diesen Kontakten Sie ohne zu zögern Geld oder Ihr Auto leihen würden. Es geht schließlich nicht um eine vollständige Erfassung aller Kontakte (dafür haben Sie Ihr Adressenverzeichnis), sondern darum, sich über die Größe und Vielfalt des eigenen Netzwerks bewusst zu werden.

Übung

Nach der Quantität kommt es nun auf die Qualität an. Notieren Sie die Top-Unterstützer: diejenigen Menschen, die Sie anrufen können, wenn es Ihnen mal wirklich schlecht geht. Machen Sie eine Hitliste derjenigen Leute, die Ihnen am ehesten Tipps und Hinweise geben können, wenn Sie eine Stelle suchen. Wer wären die besten Ratgeber und Verbündeten, wenn Sie sich selbständig machen würden? Legen Sie am besten für all die Ziele, die für Sie besonders wichtig sind, jeweils eine eigene Liste an.

Schon während Sie diese Aufgaben erledigen, werden Sie wahrscheinlich viele Ideen entwickeln, wen Sie mal wieder ansprechen müssten oder welchen Kontakt Sie aufleben lassen sollten. Vielleicht haben Sie dafür auch bereits eine gesonderte Liste angelegt …

Womöglich fragen Sie sich an dieser Stelle, ob es denn allein Ihre Verantwortung ist, einen Kontakt zu pflegen? Hätte sich nicht auch der andere melden können? Wenn Sie eher introvertiert sind, ist es dann nur ein kleiner Schritt zu negativen Gedanken wie: Ich war ihm nicht gut/interessant/schön/wichtig genug. Tatsächlich gibt es aber fast immer einen ganz anderen Grund dafür, dass sich der andere nicht gemeldet hat. Und meistens lautet er: Bequemlichkeit! Vielleicht trösten und motivieren Sie die Aussagen eines erfolgreichen Networkers: „Es gibt viele Leute, von denen ich nichts mehr höre, wenn ich mich nicht bei ihnen melde. Das zieht sich wie ein roter Faden durch mein Leben: Es bin ganz oft ich, der auf andere wieder zugegangen ist. Man muss ein Stück uneitel sein, sonst ist man nicht der Erste, der das tut. Das ist etwas, das erfordert Arbeit und ich investiere diese Arbeit!"

Kontakte reaktivieren

Wenn Sie die im vorherigen Abschnitt identifizierten Netzwerk-Kontakte wiederbeleben, können Sie so genannte „quick wins" erzielen – schnelle Erfolge, die Sie für das weitere Networking motivieren werden. Sie kennen diese Gesprächspartner oft schon seit längerer Zeit und können auf gemeinsame Erfahrungen zurückblicken. Allerdings haben Sie es seit einer Weile versäumt, den Kontakt zu pflegen. Und je länger Sie sich nicht mehr gemeldet haben, umso schwieriger wird es, wieder Verbindung aufzunehmen. Man zögert dies also weiter hinaus, bis man meint, in der richtigen Stimmung zu sein und genug Zeit zu haben, um alles zwischenzeitlich Geschehene zu besprechen. Doch dadurch steigert man den Erwartungsdruck an das Telefonat nur noch und es kostet immer mehr Überwindung, endlich anzurufen.

Um diesen Teufelskreis zu durchbrechen, sollten Sie sofort handeln, auch wenn Sie nur ganz wenig Zeit haben: Ein kurzer Anruf, eine Mail oder eine Postkarte genügen. Vereinbaren Sie ein persönliches Treffen oder ein längeres Telefonat, bei dem Sie sich ausführlicher unterhalten können. Erinnern Sie an gemeinsame Erlebnisse oder Bekannte, bedauern Sie, dass der Kontakt eingeschlafen ist, und kündigen Sie an, dass Sie sich zukünftig wieder regelmäßig melden und Kontakt pflegen wollen.

Der amerikanische Verkaufsberater Tim Templeton hat in seinem Buch „Net-Working, das sich auszahlt" für solche Anlässe sogar eigene „Bekennerschreiben" entwickelt, mit denen sich ein Unternehmen beim Kunden für die Vernachlässigung dieses Kontakts entschuldigt und Besserung gelobt: „Gleichzeitig muss ich gestehen, dass wir in der persönlichen Kommunikation mit unseren Kunden nicht das Engagement gezeigt haben, das wünschenswert wäre, und ich möchte Ihnen daher mitteilen, dass wir das ab jetzt ändern werden."[4]

---

4 Timothy L. Templeton: Net-Working, das sich auszahlt. Offenbach 2004, Seite 153.

Dies setzt natürlich voraus, dass tatsächlich eine Besserung eintritt. Ansonsten besteht die Gefahr, dass Sie den Eindruck noch verstärken, dass Sie zwar mit dem anderen in Kontakt bleiben wollen, er Ihnen aber letztlich doch nicht wichtig genug ist, um sich hierfür die nötige Zeit zu nehmen. Um erfolgreich Networking zu betreiben, müssen Sie sich deshalb zeitliche Freiräume für Anrufe, Treffen und andere Netzwerk-Aktivitäten verschaffen.

So gewinnen Sie Zeit für Ihr Networking

Networking kostet Zeit – und zwar Ihre eigene, ganz persönliche Zeit. Sie können ein Netzwerk nicht fertig kaufen oder den mit seinem Aufbau verbundenen Zeitaufwand delegieren. Vielleicht verfügen Ihre Eltern, Ihr Partner oder auch ein Mitarbeiter über ein hervorragendes Netzwerk. Damit ist es aber noch lange nicht Ihr eigenes. Selbst mit Verwandten, sozusagen Ihrem angeborenen Netzwerk, müssen Sie den Kontakt pflegen, damit die Beziehungen belastbar bleiben. Das ist einer der Gründe, warum Top-Manager so viel Zeit mit Networking verbringen: Sie können fast alles andere delegieren, aber nicht das Networking.

Networking kostet Zeit – auch wenn nicht immer gleich etwas Konkretes dabei herauskommt. Viele fangen aus diesem Grund nie damit an oder geben rasch wieder auf. Networking-Treffen bringen meist keinen unmittelbaren, sofort greifbaren Nutzen. Es geht dabei um den Aufbau langfristiger Beziehungen. Anders als bei Marketing und Vertrieb sprechen Sie nicht gezielt nur die Mitglieder Ihrer Zielgruppe an, die aussichtsreichsten potentiellen Käufer. Sie führen auch kein Verkaufsgespräch, in dem Sie sich Schritt für Schritt zu der Entscheidung des Kunden vorarbeiten. Trotzdem ist Networking, der Aufbau von vertrauensvollen Beziehungen, eine zentrale Voraussetzung für fast jeden größeren Verkaufsabschluss.

Networking ist wichtig! Aber es ist nicht dringend ... Deshalb wird es häufig zugunsten anderer, weniger wichtiger, aber dafür dringlich erscheinender Dinge aufgeschoben. Das gilt ganz besonders für diejenigen, die angestellt sind und sich auf einer niedrigen Hierarchieebene bewegen. Ihre Leistung wird meistens an ihren kurzfristigen Erfolgen gemessen und da die Unterscheidung zwischen Beruflichem und Privatem beim Networking schwierig ist, werden Vorgesetzte ihre Aktivitäten in der Regel als Freizeitvergnügen abtun. Zudem finden viele Termine außerhalb der

Arbeitszeit statt. Damit kommt Networking auch in Konflikt mit privaten Unternehmungen mit dem Partner und der Familie.

Es dauert in der Regel vier bis sechs Monate, bis sich die ersten Erfolge Ihres Networking einstellen und Ihr Arbeitgeber, Ihre Familie und auch Sie selbst Ihre zeitliche Investition als nützlich erkennen. Erst dann werden Ihnen andere mehr Zeit für das Networking zugestehen. Wie können Sie diese „Durststrecke" überwinden? Ihre Strategie: Verschaffen Sie sich nach und nach mehr Freiräume für Networking, indem Sie entsprechende Gespräche und Treffen in Ihren Tagesablauf einplanen. Der einfachste Start besteht darin, das Mittagessen zum Networking zu nutzen. Statt immer mit denselben Kollegen zu essen, machen Sie aus der Mittagspause einen Networking-Termin.

Wenn Sie angestellt sind, dann verabreden Sie sich mit Kollegen aus anderen Abteilungen und gewinnen so Kontakte und Einblicke in ganz unterschiedliche Bereiche des Unternehmens. Als Selbständiger können Sie, wenn Außenstehende sich mit Ihnen treffen wollen, ein gemeinsames Mittagessen vorschlagen. Auf diese Weise müssen Sie die im Meeting verbrachte Zeit nicht nacharbeiten. Zudem lernen Sie Ihre Gesprächspartner in einer entspannteren Umgebung kennen und können wahrscheinlich ein etwas persönlicheres Verhältnis aufbauen.

Tipp
Schaffen Sie einen zeitlichen Freiraum

Nehmen Sie sich für den Anfang zwei Networking-Mittagessen pro Woche vor. In dem Maße, in dem Sie Vertrauen in den Nutzen Ihres Networking gewinnen, können Sie dann Ihre Aktivitäten ausbauen und auch mal ein Frühstücks- oder Nachmittagstreffen vereinbaren. Falls Sie angestellt sind, wird man einem erfolgreichen Mitarbeiter gerne zusätzliche Freiräume zugestehen, wenn das Ergebnis stimmt.

Gegenüber Partner und Familie sollten Sie erklären, welche Ziele Sie mittel- bis langfristig mit dem Networking verfolgen und um Unterstützung hierfür bitten. Nehmen Sie vor allem in Bezug auf Abend- und Wochenendtermine Rücksicht. Vereinbaren Sie bestimmte Abende und Wochenenden, die auf jeden Fall dem Partner oder der Familie gehören.

Wenn Sie sich selbständig machen wollen, sollten Sie sich eine längere Vorbereitungsphase gönnen (zum Beispiel während der Freistellung oder einer temporären Arbeitslosigkeit): Sie können sich in dieser Zeit bereits mit anderen Gründern vernetzen, vielleicht schon in eine Bürogemeinschaft einziehen, über eine Kundenbefragung oder auf Veranstaltungen potentielle Kunden kennen lernen usw. Die geplante Selbständigkeit ist ein guter Aufhänger, um mit anderen ins Gespräch zu kommen.

Wie viel Zeit sollten Sie insgesamt für Networking aufwenden? Ein Personalberater sorgte bei einem Vortrag für Verblüffung, als er berichtete, dass er 30 Prozent seiner Arbeitszeit für Networking einsetze. „Eineinhalb Tage jede Woche für Networking und es ist noch nichts verdient" werden Sie jetzt vielleicht auch denken. Aber betrachten Sie es einmal so: Durch sein breit angelegtes Networking sorgt der Berater für eine gute Auslastung und Bezahlung an den übrigen dreieinhalb Tagen in der Woche und ist stets bestens vernetzt, was ihm bei der Suche nach neuen Mitarbeitern für seine Auftraggeber zugute kommt.

Gehen Sie in Vorleistung

Networking besteht aus Geben und Nehmen. Mein Rat: Beginnen Sie mit dem Geben, gehen Sie in Vorleistung! Versuchen Sie für andere nützlich zu sein – aber ohne gleich eine Gegenleistung zu erwarten. Vertrauen Sie einfach darauf, dass Sie alles, was Sie geben, früher oder später von irgendjemandem im Netzwerk zurückerhalten werden. Dazu müssen Sie zunächst die Frage beantworten: Was habe ich anderen zu bieten? Denken Sie darüber nach, wo Ihre Stärken liegen und in welchen Bereichen es Ihnen Spaß machen würde, anderen zu helfen.

Übung

Erstellen Sie eine Liste, auf welche Weise Sie andere unterstützen können. Denken Sie dabei nicht nur an Ihren Beruf: Ihre ganze Person zählt.

Schon indem Sie ein Gespräch anfangen oder aufmerksam zuhören, können Sie Ihren Mitmenschen eine Freude machen. Rücksicht und Toleranz sind in unserer Gesellschaft keine Selbstverständlichkeit – das ist Ihre Chance, sich hervorzuheben.

Es klingt wie ein Märchen: Einer meiner Freunde wartete auf den Flughafenbus. Ein anderer Fahrgast hatte kein Kleingeld für den Fahrkartenautomaten. Mein Bekannter bemerkte das und bezahlte das Busticket. Was er davon hatte? Es entwickelte sich ein nettes Gespräch, man tauschte Visitenkarten aus und es stellte sich heraus, dass der Gesprächspartner als Wirtschaftsjournalist für eine einflussreiche Zeitung tätig war und gerade an einer Geschichte arbeitete, die mit dem Beruf meines Freundes zu tun hatte. Viele Networker handeln nach dem Pfadfindermotto „Jeden Tag eine gute Tat" – auch wenn sich dabei nicht jedes Mal wie in diesem Fall eine Presseveröffentlichung ergibt. Betrachten Sie es doch so: Ein Busticket ist viel billiger als der Eintritt zu einer Networking-Veranstaltung. Und wenn Sie jemandem einen konkreten Gefallen tun, brauchen Sie nicht erst mühsam nach einem Gesprächsaufhänger zu suchen.

Eine ganz einfache Möglichkeit, einen Kontakt zu pflegen und Ihr Interesse an einem Menschen zu zeigen, bietet die Gratulation zum Geburtstag. Wissen Sie, wie viele Leute Ihnen das letzte Mal gratuliert haben? Vielleicht gehören Sie zu den Personen, die eine große Party veranstalten und einen ganzen Tisch mit Glückwunschkarten dekorieren können. Viele Menschen bekommen eine recht überschaubare Anzahl von Glückwünschen und freuen sich über jeden einzelnen. Notieren Sie sich deshalb immer, wann jemand Geburtstag hat, wenn Sie dies durch Zufall herausfinden.

Machen Sie es sich so einfach wie möglich, anderen eine Freude zu bereiten, denn oft lässt man eine Gelegenheit dazu nur aus Bequemlichkeit verstreichen. Fällt Ihnen zum Beispiel nie ein originelles Geschenk ein? Dann achten Sie künftig besonders darauf, was Freunde und Bekannte sich wünschen und notieren Sie sich entsprechende Ideen. In der heutigen Zeit ist oft nicht die Größe eines Geschenks entscheidend, sondern Ihre Aufmerksamkeit bei der Auswahl. So ist ein Gutschein für einen Tag in einem Schwimmbad samt Massage für jemanden, der sehr gestresst ist, sicher ein schöneres Geschenk als der entsprechende Geldbetrag.

Es gibt natürlich außer Geburtstagen noch viel mehr Anlässe, zu denen Sie anderen gratulieren oder sich mit ihnen freuen können: Denken Sie an Namenstage, an Ostern und Weihnachten, an Hochzeiten und Geburten. Melden Sie sich aber vor allem auch dann, wenn es Ihrem Kontaktpartner nicht so gut geht und er auf Ihren Anruf oder Besuch ganz besonderen

Wert legt: bei Krankheit oder Unfall, nach einer Trennung oder bei einem Todesfall. Wenn Sie in solchen Situationen genau die richtigen Worte finden, umso besser, aber vor allem geht es darum, dass Sie überhaupt präsent sind, fragen wie es dem anderen geht und Ihre Hilfe anbieten.

Übung

Sie können in Ihrem elektronischen Kalender für die einzelnen Geburtstage eine Terminserie mit jährlicher Wiederholung anlegen, damit Sie immer rechtzeitig daran erinnert werden, oder Sie tragen die Termine in einen normalen Kalender ein.

Wenn Sie die Geburtstage von wichtigen Netzwerkmitgliedern nicht kennen, fragen Sie bei gemeinsamen Bekannten nach, um Ihre Liste zu vervollständigen. Kaufen Sie am besten gleich zehn Glückwunschkarten und die entsprechenden Briefmarken ein, damit Sie immer pünktlich einen Gruß abschicken können. Falls Ihnen das zu altmodisch ist: Viele Leute speichern die Geburtstage auch im Kalender ihres Handys und versenden dann eine SMS. Networking-Plattformen wie XING zeigen eine Liste mit den Geburtstagen der bestätigten Kontakte. Sie können direkt über das interne Nachrichtensystem gratulieren oder – je nach Grad der Bekanntschaft – einen persönlicheren Weg wählen.

Ein breites Spektrum an Ideen

Erinnern Sie sich an die Flasche Wein oder die Visitenkarte des Reisebürobesitzers in den Beispielen auf Seite 30? Es sind oft ganz kleine, im

Praxisbeispiel

Ich selbst verkaufe auf meiner Website www.jeder-ist-unternehmer.de eine Software, die Gründern beim Erstellen ihres Businessplans hilft. Irgendwann kam ich auf die Idee, mich bei jedem Kunden einige Tage nach dem Kauf per E-Mail zu erkundigen, ob alles zu seiner Zufriedenheit verlaufen und der Businessplan vielleicht schon fertig ist. Ich weiß, dass speziell der Zahlenteil für viele Gründer eine große Herausforderung darstellt, deshalb versuche ich mit meiner Mail auch Mut zu machen und biete meine Hilfe an. Nur wenige Kunden haben noch offene Fragen, fast alle freuen sich aber über meine Nachfrage und empfehlen mich unter anderem wegen dieser Serviceleistung an andere Gründer weiter.

Grunde selbstverständliche Gesten, mit denen Sie beispielsweise einem Kunden eine Freude machen und ihn positiv überraschen können. Sie müssen sich auch nicht ständig etwas Neues überlegen. So war ich sicherlich nicht der Einzige, der die Visitenkarte erhalten und sich über diese Aufmerksamkeit gefreut hat.

Lassen Sie jetzt das zweite Kapitel dieses Buches, das den Nutzen von Netzwerken für Sie selbst schildert, noch einmal Revue passieren – nun jedoch aus der Perspektive desjenigen, dem Sie einen Gefallen tun wollen. So werden Sie auf viele weitere Ideen kommen, wie Sie anderen nützlich sein können. Lassen Sie sich auch von der folgenden Liste inspirieren:

- Ihnen ist etwas Lustiges oder Interessantes passiert? Machen Sie daraus eine Geschichte, mit der Sie Freunde oder Kollegen unterhalten können.

- Sie planen einen Ausflug in die Berge oder an einen See? Vielleicht gibt es einen Freund, der kein Auto hat und mitkommen möchte.

- Sie haben einen Kollegen, mit dem Sie den Kontakt vertiefen wollen? Überlegen Sie sich bewusst, was Sie zurzeit persönlich beschäftigt. Was können Sie davon mit ihm besprechen, um die Beziehung auf eine persönliche Ebene zu heben?

- Ein befreundetes Paar trennt sich gerade? In dieser schwierigen Situation werden sich wahrscheinlich beide Seiten über einen Anruf oder eine gemeinsame Unternehmung mit Ihnen freuen.

- Sie haben einen interessanten Artikel gelesen, der für einen Geschäftsfreund relevant sein könnte? Schicken Sie ihm den Ausschnitt mit einem entsprechenden Vermerk zu.

Tipp
Der Trick mit dem Stichwort

Sie können Ihrem Glück bei der Suche nach solchen Informationen nachhelfen und unter http://news.google.de kostenlos Benachrichtigungsmails abonnieren, für den Fall, dass in einem der zahlreichen verfolgten Medien das von Ihnen angegebene Stichwort auftaucht.

- Sie hören von einer freien Stelle in Ihrem Unternehmen oder von einer geplanten Anschaffung? Überlegen Sie, für wen aus Ihrem Netzwerk diese Stelle interessant sein oder wer den Auftrag gut erfüllen könnte. Wenn beide Seiten zueinander passen, tun Sie gleich zwei Parteien einen Gefallen. Das Gleiche gilt, wenn ein Headhunter Ihnen eine Stelle anbietet, die Sie ablehnen. Überlegen Sie wirklich ernsthaft, für wen sie sonst noch interessant sein könnte. Auch der Headhunter wird Sie dafür schätzen!

- Seien Sie freizügig mit Ihren Empfehlungen, egal ob Sie nach einem guten Zahnarzt, Friseur oder Restaurant gefragt werden – natürlich nur dann, wenn Sie selbst von der Qualität überzeugt sind. Bitten Sie Ihren Gesprächspartner, einen Gruß auszurichten. Er kann sich dann mit dem Verweis auf Sie anmelden und erhält vielleicht sogar eine Vorzugsbehandlung.

Übung

Erstellen Sie eine Liste von Dienstleistern, mit denen Sie besonders zufrieden sind. Sie werden sicher schon bald Gelegenheit haben, sie weiterzuempfehlen!

- Sie wollen mit einem Buchautor, auf den Sie große Stücke halten, ins Gespräch kommen? Empfehlen Sie sein Buch nicht nur im Bekanntenkreis weiter, sondern veröffentlichen Sie eine Empfehlung auf Ihrer Website oder bei Amazon und informieren Sie den Autor darüber. Auch bei sehr beliebten Büchern ist die Zahl der Rezensionen begrenzt und Sie sind damit einer unter wenigen, die sich ganz besonders intensiv mit dem Buch auseinandergesetzt haben. Ähnliches gilt auch, wenn Ihnen ein Vortrag, eine CD, ein Theaterstück, ein Produkt oder eine Dienstleistung besonders gut gefallen hat: Machen Sie Ihre Empfehlung öffentlich! Im Internet bieten sich auf Websites, in Foren und Weblogs zahlreiche Möglichkeiten, dies zu tun.

- Führen Sie Leute zusammen, die gut zueinander passen könnten. Bereiten Sie beide Seiten aber darauf vor: „Du musst wirklich mal XY kennen lernen. Ich bin sicher, ihr würdet Euch gut verstehen.

Er ist tätig als …" Wenn Ihre Bekannten einverstanden sind, geben Sie die Kontaktdaten an den jeweils anderen weiter oder laden beide zu einer gemeinsamen Unternehmung ein, zum Beispiel zu Ihrem Networking-Mittagessen.

Die Liste, wie Sie Nutzen stiften können, ließe sich beliebig fortsetzen. Entscheidend ist jedoch, dass Sie sich in Ihre Netzwerkpartner einfühlen und überlegen, wie Sie ihnen eine Freude bereiten oder sie unterstützen könnten.

Geizen Sie nicht mit Dank und Lob

Neben der Bereitschaft, in Vorleistung zu gehen, ist eines der wichtigsten Networking-Geheimnisse die Fähigkeit, sich richtig zu bedanken und andere zu loben. Denken Sie nicht, Dank und Lob seien altmodisch.

Ist Bedanken überflüssig?

Tatsächlich denken viele Menschen in unserer immer stärker durch Marktbeziehungen geprägten Gesellschaft sogar dann, wenn jemand besonders freundlich ist: „Wieso soll ich mich extra bedanken? Der andere wird doch dafür bezahlt!" Doch gerade weil immer mehr Leistungen für selbstverständlich gehalten werden, hat ehrlich gemeinter Dank heute eine so große Bedeutung wie selten zuvor. Es geht dabei um mehr als nur Höflichkeit: Ein positives Feedback zu geben, ist einer der Schlüssel zum Aufbau von Netzwerk-Beziehungen. Und es ist ganz einfach und kostet weder Zeit noch Geld. Sie werden erstaunt sein, wie bereitwillig Ihnen andere Menschen helfen, wenn Sie nur zum Ausdruck bringen, wie viel Ihnen diese Hilfe bedeutet.

Gehen Sie also freigiebig mit Dank um, auch wenn es um vermeintlich Selbstverständliches geht. Bedanken Sie sich für die freundliche Beratung, für einen guten Rat oder auch die rechtzeitige Absage eines Termins. Machen Sie es sich zum Prinzip, nach jeder Einladung eine kurze Dankesmail zu schreiben. Natürlich wird dies nicht erwartet, doch gerade deshalb freut man sich über Ihre Geste. Sagen Sie dabei immer konkret, warum Sie sich freuen, warum das Gesagte hilfreich oder der gemeinsame Abend schön war. Sprechen Sie den Dank persönlich aus, so schauen Sie Ihrem Gegenüber dabei in die Augen und lächeln Sie, vielleicht schütteln Sie ihm auch die Hand oder klopfen ihm auf die Schulter. Experimentieren Sie mit diesen Ausdrucksmitteln – natürlich ohne sich zu verstellen. Hauptsache, Sie vermeiden gehaltlose Dankesformeln und zeigen, dass Sie es ernst meinen.

Lob spornt an

Das Gleiche gilt für das Loben: Das Lob muss passen und Sie müssen es ernst meinen. Wenn Sie gerade ein Motivationsbuch gelesen haben und deshalb wahllos Lob an Ihre Mitarbeiter verteilen, werden Sie damit bei ihnen nichts erreichen.

Wie beim Danken kommt es auch beim Loben darauf an, sich in den anderen einzufühlen: Worauf ist er stolz? Worin bestand die persönliche Herausforderung, die er erfolgreich bewältigt hat? Loben Sie jemanden nicht für das Erreichen allgemeiner Ziele, zum Beispiel dafür, dass er mehr Kunden gewonnen hat, sondern betonen Sie ganz persönliche Erfolge, zum Beispiel, wenn er den schon lange angepeilten Wunschkunden durch Beharrlichkeit und gute Argumente überzeugt hat. Die Schlüsselfrage lautet: „Wie haben Sie das geschafft?"

Eine Variante des Lobens ist das Kompliment: „Die Krawatte steht dir gut", „Die Sonnenbrille ist wirklich cool" oder „Sie haben eine wunderschöne Wohnung". Wenn Ihnen etwas gefällt und Sie sprechen darüber, dann machen Sie damit eine Freude, schaffen ein Gesprächsthema und betonen Gemeinsamkeiten, denn der Angesprochene wird Ihre Meinung über seine Krawatte, Sonnenbrille oder Wohnung im Allgemeinen teilen und erzählt sicher gerne davon, wo er die Anschaffung getätigt oder wie er die Wohnung gefunden hat. Fühlen Sie sich als Schmeichler, wenn Sie solche Komplimente aussprechen? Was hindert uns daran, andere zu loben? Es ist vor allem die Angst, unser Lob könnte unaufrichtig erscheinen. Dabei passiert es sehr selten, dass ernst gemeinte Wertschätzung missverstanden wird. Falls doch, dann ist der Betroffene sicher nicht mit Lob verwöhnt und wird sich ganz besonders freuen, wenn Sie zu Ihrem Kompliment stehen.

Auch die Gefahr, durch intensives Loben könnte der Gelobte „übermütig" werden, wird viel zu sehr überschätzt. Durch das Lob machen Sie sich nicht überflüssig – ganz im Gegenteil: Sie gewinnen für den anderen an Bedeutung, denn er braucht Ihre Wertschätzung, um Höchstleistungen zu erzielen. Lob setzt beim gelobten Menschen ungeahnte Energien und Kräfte frei, motiviert ihn zu „wahren Heldentaten". Meist konzentrieren wir uns aber sehr stark auf die Fehler und Versäumnisse und sehen zu wenig das, was gut gelungen ist. Thomas Malischewski und Frank Thiel[5] schlagen deshalb Folgendes vor: „Kontrollieren Sie, um zu loben!" Statt nach Fehlern zu suchen, sollte man Ausschau halten nach dem, was richtig gemacht wurde, so wie Eltern, die sich über jeden Fortschritt ihrer Kinder freuen und sie dafür immer wieder loben.

Übung

Probieren Sie aus, wie Lob wirkt. Loben Sie jeden Tag mindestens einmal ganz bewusst jemanden, einen Kollegen, Mitarbeiter oder Vorgesetzten. Auch Ihr Chef freut sich nämlich über ein Kompliment! Sie können ebenfalls im privaten Bereich loben, bei Bekannten, Freunden oder beim Einkaufen. Tun Sie dies jedoch nie von oben herab („Das hast du aber gut gemacht"), sondern von Gleich zu Gleich: „Das hat mich sehr gefreut, weil …".

Sie werden Ihre eventuellen Vorbehalte gegenüber dem Danken und Loben schnell verlieren, wenn Sie spüren, wie sehr sich Ihre Gesprächspartner über die Bestärkung durch Sie freuen und auch Ihnen gegenüber großzügiger Dank und Lob äußern.

Ihr persönliches Prämienprogramm

Sie kennen das von Zeitschriftenabonnements, von Banken und von Versicherungen: Wenn Sie einen neuen Kunden werben, dann erhalten Sie eine mehr oder minder wertvolle Prämie. Für die Verlage und Finanzdienstleister ist das einer der kostengünstigsten Wege, um ihren Kundenstamm zu erweitern.

Nutzen Sie diese bewährte Marketingmethode auch für Ihr Networking. Sie brauchen ja nicht gleich einen Prämienprospekt drucken zu lassen, aber überlegen Sie sich ruhig, was ein neuer Kunde oder Job wert ist und was eine angemessene Prämie für eine erfolgreiche Empfehlung sein könnte. Oft ist es nämlich die Unsicherheit über eine passende Dankesgeste, die dazu führt, dass man letztlich überhaupt nicht dankt. Dadurch

---

5 Thomas Malischewski und Frank Thiel: Beziehungsmanagement. Offenbach 2005, Seite 94 ff.

lassen Sie aber eine große Chance ungenutzt, denn wer Sie einmal erfolgreich weiterempfohlen hat, würde dies sicher noch häufiger tun, wenn sein Verhalten entsprechend bestärkt beziehungsweise gewürdigt würde.

Tipp
Entwickeln Sie Ihr persönliches Prämienprogramm

Überlegen Sie sich einige geeignete Prämien und machen Sie es sich zum Prinzip, jeden Neukunden oder Interessenten zu fragen, wie er von Ihnen erfahren hat. Wenn ein Interessent von einem vorhandenen Kunden empfohlen wurde, dann schreiben Sie diesem zumindest eine kurze standardisierte Dankesmail. Wenn es zu einem Auftrag kommt, dann versenden Sie eine Prämie an den Kunden und danken ihm für die erfolgreiche Empfehlung.

Um den Aufwand für die Vergabe von Prämien möglichst klein zu halten, sollten Sie eine Liste von Internetshops erstellen, bei denen Sie den Versand entsprechender Geschenke mühelos vom Schreibtisch aus veranlassen können. Für Prämien eignen sich beispielsweise ein schöner Blumenstrauß, ein Buch, eine CD, ein Gutschein oder ein Präsentkorb. Vielleicht haben Sie auch einen Vorrat an höherwertigen Werbegeschenken in Ihrem Aktenschrank und können diese bei Bedarf an Kunden verschicken.

Tipp
Belohnen Sie treue Kunden

Kunden, die zum Beispiel besonders häufig bei Ihnen kaufen oder immer wieder Aufträge an Sie vergeben, freuen sich über eine Belohnung ihrer Treue. Statt eines Prämiengeschenks können Sie ihnen auch einen Vorzugsrabatt einräumen oder sie auf die Einladungsliste für besondere Veranstaltungen setzen.

Netzwerkpartner um Unterstützung bitten

Gehören Sie auch zu den Menschen, denen es schwer fällt, um Unterstützung zu bitten oder Hilfe anzunehmen, sogar wenn sie ungefragt angeboten wird? Leichter fällt es meistens, wenn man zuvor selbst geholfen hat. Deshalb ist es so wichtig, dass Sie zunächst gegenüber Ihrem Netzwerk wie bereits beschrieben in Vorleistung gehen.

Außerdem sollten Sie sich klar machen, dass es meist auch dem anderen Freude macht, einen Rat geben oder helfen zu können. Er lernt Sie dadurch besser kennen, fühlt sich gut, erfährt Dank. Sicher kennen Sie das aus eigener Erfahrung: Erinnern Sie sich an Situationen, in denen Sie selbst einmal um Rat oder Hilfe gefragt wurden. Die meisten Menschen – zumal in einem gut etablierten Netzwerk – helfen gerne. Sie müssen ihnen nur die Gelegenheit dazu geben!

Das bedeutet, dass Sie die anderen wissen lassen müssen, wie sie Ihnen am besten helfen können. Wenn Sie eine Fassade aufbauen und sich zu jeder Zeit und in jeder Situation als strahlenden Sieger präsentieren, werden die anderen keinen Ansatzpunkt finden – und Gedanken lesen kann auch im besten Netzwerk niemand. Viele erfolgreiche Menschen erfahren den wahren Wert ihres Netzwerks deshalb erst in einer Krisensituation, wenn sie das Visier hochklappen, sich als Mensch mit Stärken und Schwächen zeigen und den anderen überhaupt erst die Chance geben, ihnen zu helfen und sie auf einer persönlicheren Ebene kennen zu lernen.

> **Praxisbeispiel**
>
> Ich organisierte eine größere Veranstaltung und war dringend auf eine Terminankündigung in der Presse angewiesen – hatte aber nur wenige Pressekontakte. Nach längerem Überlegen kam ich schließlich auf die Idee, die eingeladenen Referenten anzurufen und um ihren Rat zu bitten: „Haben Sie einen Pressekontakt oder einen Tipp für mich?"

Fast jeder Referent konnte mir entweder einen Kontakt nennen oder auf andere Weise weiterhelfen. Einer der Kontakte führte tatsächlich zu einer Terminankündigung in der Zeitung und ein Referent erklärte sich freiwillig bereit, meine Einladung über den Adressenverteiler seines Unternehmens zu versenden, was sich später als genauso wichtig wie die Presseveröffentlichung herausstellte. Keiner der Referenten wäre wahrscheinlich von sich aus auf mich zugekommen, um mich in dieser Sache zu unterstützen. Ein kurzer Anruf genügte aber und jeder war sofort bereit, mir im Rahmen seiner Möglichkeiten zu helfen. Ich musste einfach nur nachfragen.

Um Empfehlung bitten

Ebenso verhält es sich mit der Empfehlung durch zufriedene Kunden. Oft genügt ein kleiner Anstoß: Wenn Sie selbständig sind, sollten Sie einen Kunden nach Abschluss eines Auftrags immer fragen, ob er mit Ihrer Leistung zufrieden war. Wenn das der Fall ist, dann bitten Sie ihn darum, Sie weiterzuempfehlen. Ihr Kunde wird das in der Regel gerne tun, zumal er nun weiß, dass Ihnen persönlich etwas daran liegt. Außerdem können Sie das subjektive Risiko Ihres Gesprächspartners reduzieren, indem Sie zum Beispiel versichern, dass Sie den neuen Kunden genauso zufriedenstellen und als Referenz gewinnen wollen wie ihn selbst. Hätten Sie nicht ausdrücklich darum gebeten, hätte der Kunde Sie vielleicht auch weiterempfohlen, aber mit einer viel geringeren Wahrscheinlichkeit.

Praxisbeispiel

Mein Finanzberater händigte mir beim ersten Treffen zwei Visitenkarten aus: eine für mich und die zweite, falls ich ihn einmal weiterempfehlen möchte. Denn sein Ziel sei es, dass ich so zufrieden mit ihm bin, dass ich ihn auch Bekannten empfehle. Im ersten Moment fand ich das ein bisschen aufdringlich. Aber durch diesen „Kartentrick" hat sich mir unvergesslich eingeprägt, dass ihm sehr an meiner Zufriedenheit und Weiterempfehlung liegt – unwillkürlich habe ich mir Gedanken gemacht, an wen ich ihn empfehlen könnte, und das habe ich inzwischen auch tatsächlich häufig getan.

Unterstützung bei der Suche nach Auftraggebern oder einer neuen Stelle

Ganz wichtig: Wenn Sie auf der Suche nach Auftraggebern oder nach einer neuen Stelle sind, müssen Sie den Mitgliedern Ihres Netzwerks nachvollziehbar erklären, wie Ihre Tätigkeit konkret aussieht. Häufig scheitert eine Empfehlung nämlich daran, dass wir nicht in der Lage sind, einem Laien verständlich zu machen, was wir in unserem Beruf eigentlich tun. Auf der Seite 29 wird beschrieben, wie Sie hierzu einen Elevator Pitch einsetzen können. Vermitteln Sie, was Sie an Ihrer Arbeit besonders fesselt. Ihre Begeisterung hilft Ihrem Kontakt dabei, sich zu erinnern, und sie überträgt sich auch auf Dritte, an die Sie empfohlen werden.

Bei der Stellensuche sollten Sie vermeiden, mit dem Verweis auf Ihre Beziehungen direkt um eine Stelle zu bitten; damit würden Sie sich selbst disqualifizieren, denn die meisten Entscheider unterstellen in einem solchen Fall sofort, dass Sie aufgrund mangelnder Qualifikationen auf „Vitamin B" angewiesen sind, und empfänden eine Entscheidung zu Ihren Gunsten als unfair und angreifbar. Am Arbeitsplatz würde sich überdies wahrscheinlich schnell herumsprechen, dass Sie den Job aufgrund von Beziehungen erhalten haben, und man würde Ihnen Vorurteile entgegenbringen.

Falls Sie vorhandene Beziehungen ansprechen wollen oder wenn Ihr Gesprächspartner von sich aus darauf kommt, sollten Sie kurz erläutern, woher und seit wann Sie den gemeinsamen Bekannten kennen. Machen Sie deutlich, dass Sie im Auswahlverfahren ausschließlich nach Ihren Fähigkeiten beurteilt werden wollen und wünschen, dass die persönlichen Beziehungen weder von Vor- noch von Nachteil sind.

Tipp
Sichern Sie sich wichtiges Wissen

Neben dem Vertrauensvorsprung, über den Sie durch Empfehlungen oder Beziehungen zu Entscheidern verfügen, haben Sie die Möglichkeit, im Vorfeld Informationen über den typischen Gesprächsverlauf, den Eindruck, den Sie erzielen sollten, den Entscheidungsprozess, die Prioritäten der Entscheider usw. einzuholen. Befragen Sie Ihre Netzwerk-Kontakte im Zielunternehmen oder in der Zielabteilung zu diesen Punkten. Mit diesem Wissen werden Sie dann im entscheidenden Gespräch sehr viel souveräner auftreten können.

Fragen Sie offen um Rat

Wenn Sie sich in einer Situation unsicher fühlen, fragen Sie um Rat und Tipps, wie Ihr Gesprächspartner an Ihrer Stelle vorgehen würde. Wenn er selbst eine konkrete Lösungsidee entwickelt und feststellt, dass er Ihnen bei deren Realisierung helfen könnte, wird er diese Idee sicher mit größerer Motivation umsetzen, als wenn Sie von vornherein detailliert vorgeben, was er für Sie tun soll.

Wenn Sie zum Beispiel einen Platz in einer Bürogemeinschaft suchen, dann betonen Sie, dass Sie lieber mit anderen gemeinsam arbeiten als alleine. Im Nu entwickelt sich daraus ein Gespräch über die Vor- und Nachteile verschiedener Arbeitsformen, in dessen Verlauf Sie ganz nebenbei erklären können, welche Art von Arbeitsplatz Sie genau suchen. Abschließend können Sie Ihren Gesprächspartner dann unaufdringlich um Unterstützung bitten: „Lass es mich wissen, falls du in der Richtung etwas hörst."

Manchmal wollen Sie aber vielleicht auch eine ernste, persönliche Angelegenheit besprechen, welche die Aufmerksamkeit Ihres Gesprächspartners etwas länger beansprucht. Dann empfiehlt es sich vorab zu fragen, ob er überhaupt Zeit für ein solches ausführlicheres Gespräch hat: „Ich möchte gerne deinen Rat zu einer persönlichen Sache. Hast du die nötige Zeit, um das mit mir zu besprechen?" Natürlich kann es sein, dass eine Unterredung nicht sofort möglich ist, aber der Betreffende wird gewiss gerne einen geeigneten Termin mit Ihnen vereinbaren, der nicht in zu weiter Ferne liegt.

Überlegen Sie, worin der Nutzen des anderen besteht

Wenn Sie mit jemandem geschäftlich kooperieren wollen, haben Sie meist eine gewisse Vorstellung davon, was genau Sie sich von der Zusammenarbeit erhoffen. Bevor Sie auf den potentiellen Partner zugehen, sollten Sie sich darüber informieren, inwiefern auch er von der Zusammenarbeit mit Ihnen profitieren würde. Sprechen Sie bei der Kontaktaufnahme direkt an, worin Ihr Interesse besteht, vor allem aber, warum eine Zusammenarbeit für den Partner ebenfalls interessant sein könnte.

Lassen Sie sich nicht entmutigen

Hin und wieder ist eine gewisse Beharrlichkeit nötig, um Unterstützung zu erhalten. Ein Gesprächspartner mag sehr beschäftigt sein und Sie deshalb mehrfach auf andere Termine vertrösten. Meist ist das kein böser Wille, sondern hat einfach mit beruflicher Überlastung zu tun. Geben Sie nicht auf, sondern fragen Sie gegebenenfalls freundlich nach: „Darf ich dich ein anderes Mal fragen oder soll ich mich lieber an jemand anderen wenden?" Die wichtigste Networking-Regel in diesem Zusammenhang lautet: Sie dürfen alles fragen, wenn Sie ein „Nein" als Antwort akzeptieren. Formulieren Sie deshalb Ihr Anliegen immer so, dass der andere „Nein" sagen kann, ohne gleich eine ausführliche Entschuldigung abgeben zu müssen. Stellen Sie offene Fragen, anstatt Forderungen zu erheben. Ihre ehrliche Bereitschaft, ein „Nein" zu akzeptieren, wird es auch Ihnen selbst sehr viel einfacher machen, um Hilfe zu bitten, weil ein „Nein" dann keine

Zurückweisung für Sie darstellt, sondern eine sachliche Auskunft der Art: „Ich kenne mich auf diesem Gebiet nicht so gut aus" oder „Ich kann dir nicht rechtzeitig weiterhelfen".

Nicht jede Unterstützung ist kostenlos

Auch daran sollten Sie denken: Die Hilfe, die Sie erbitten, sollte in einem angemessenen Verhältnis zur Beziehung stehen. Ansonsten ist es angebracht, eine Bezahlung anzubieten. Das gilt ebenfalls, wenn Sie jemanden um Hilfe bitten, für die der Betreffende normalerweise ein Honorar erhält. Ein Beispiel: Wollen Sie bei einem Rechtsanwalt oder Unternehmensberater Rat auf seinem Spezialgebiet einholen, wird er Ihnen in der Regel nicht kurz und knapp alle Fragen beantworten können. Widerstehen Sie der Versuchung, ihn zu jedem Detail zu befragen, sonst wird er sich schnell ausgenutzt fühlen. Erkundigen Sie sich, was eine Beratung kostet, und ermöglichen Sie ihm, die Leistung, mit der er sein Geld verdient, kostenpflichtig zu erbringen. Häufig wird er Ihnen als Netzwerkmitglied dabei bereitwillig einen Preisnachlass gewähren, aber darauf sollten Sie natürlich nicht bestehen. Eine gute Leistung hat ihren Preis, den Sie respektieren sollten. Umgekehrt haben auch Sie das Recht, frei zu entscheiden, ob Sie zu diesem Preis eine Beratung einholen wollen oder nicht.

Nein sagen lernen

Nicht jeder Netzwerker hält sich an die Regeln: Es gibt „Vampire", die viel nehmen und wenig geben, also andere regelrecht aussaugen. Und es gibt Netzwerker, die sich selbst ausbeuten, weil sie niemandem etwas abschlagen können und keine Gelegenheit zum Engagement oder zur Zusammenarbeit verpassen wollen. Wenn Sie auf Dauer erfolgreich networken wollen, müssen Geben und Nehmen jedoch in einem gesunden Verhältnis zueinander stehen. Sie müssen lernen, „Nein" zu sagen, wenn Sie einen Kontakt nicht vertiefen oder jemandem *keinen* Gefallen tun wollen.

Lassen Sie sich nicht ausbeuten

Fast jeder Netzwerker hat irgendwann eine Begegnung mit einem Vampir. Oft sind solche Menschen zunächst nur schwer zu durchschauen. Sie machen vielversprechende Angebote und verfügen nicht selten über Charaktereigenschaften, die man bei sich selbst vermisst und deshalb beim anderen bewundert. Daher ist es wichtig, dass Sie auf Ihre Intuition und Menschenkenntnis vertrauen. Menschen zu erkennen, die Ihnen „nicht gut tun", ist ein ganz entscheidender Aspekt Ihrer Networking-Fähigkeiten. Wenn Sie jemanden nicht richtig einschätzen können, sich unsicher sind, was Sie von ihm halten sollen, schadet es nichts, vorsichtig zu sein und den anderen zunächst zu beobachten. Nutzen Sie auch die Möglichkeit, gemeinsame Bekannte im Netzwerk nach deren Meinung zu fragen. Sie können sich zudem darauf verlassen, dass Sie durch das Networking noch viele interessante Menschen kennen lernen werden und deshalb nicht auf die Zusammenarbeit mit dieser bestimmten Person angewiesen sind.

Gut zu wissen

Wie Sie Vampire erkennen

Vampire erkennen Sie daran, dass sie etwas von Ihnen haben wollen, ohne sich für Ihre Bedürfnisse zu interessieren. Sie melden sich nur, wenn sie etwas von Ihnen wollen. Wenn Ihnen ein Vampir einen Gefallen anbietet, müssen Sie damit rechnen, dass er Ihnen sofort im Anschluss die „Rechnung" präsentiert. Oder der Vampir erweist Ihnen einen kleinen – vielleicht gar nicht gewünschten – Gefallen und erinnert Sie dann hartnäckig daran und fordert eine Gegenleistung in mindestens gleicher Größenordnung.

Oder er formuliert seine Bitte an Sie so, dass ein „Nein" schwerfällt. Wenn Sie etwas ablehnen, setzt er Sie möglicherweise unter emotionalen Druck, indem er sich selbst zum Opfer erklärt. In solchen Fällen sollten Sie sich rasch zurückziehen. Reduzieren Sie den zeitlichen Aufwand, den Sie in die Beziehung investieren, auf ein Mindestmaß. Ein Vampir wird dann schnell das Interesse verlieren und sich auf die Suche nach einem anderen Opfer begeben.

Überfordern Sie sich nicht

So mancher Netzwerker beutet sich selbst aus oder verzettelt sich, indem er vielfältige ehrenamtliche Aufgaben annimmt, ständig anderen Netzwerkmitgliedern Gefallen tut und dabei seine eigenen Ziele aus den Augen verliert. Die Bedeutung und Anerkennung, die man durch eine Aufgabe in einem Netzwerk erfährt, sowie der Dank und das Lob, die man für jeden Gefallen erhält, können regelrecht süchtig machen. Oft sind die Tätigkeiten im Netzwerk interessanter als diejenigen, mit denen man seinen

Lebensunterhalt verdient. Man knüpft Kontakte und erfährt persönliche Zuneigung. Ein Netzwerk produziert außerdem oft große Mengen an Informationen, sei es in Form von Einladungen, Berichten, Rundschreiben, E-Mails oder Forenbeiträgen. Wer alles liest und sich an der Kommunikation beteiligt, ist ziemlich beschäftigt.

Es ist also notwendig, Grenzen zu ziehen – nicht nur gegenüber einzelnen Personen, sondern auch gegenüber dem Netzwerk als Ganzem. Klären Sie für sich, was Sie zu geben bereit sind, und machen Sie das auch nach außen deutlich. Besonders schwierig ist die Abgrenzung, wenn es um Dinge geht, die Sie normalerweise beruflich, also gegen Bezahlung tun. Ein Beispiel: Sie sind Anwalt und werden von Netzwerkmitgliedern immer wieder um juristischen Rat gefragt oder Sie werden als PR-Profi gebeten, die Pressearbeit des Vereins zu übernehmen. Definieren Sie von vornherein eine Obergrenze für das, was Sie kostenlos zu geben bereit sind, sowie einen festen Netzwerk-Rabatt für darüber hinausgehende kostenpflichtige Leistungen. Mit einer solchen Leitlinie sind Sie auf derlei Anfragen gut vorbereitet und können zugleich ein gewisses Entgegenkommen demonstrieren. Niemand kann Ihnen böse sein, wenn Sie eine Grenze ziehen. Im Gegenteil: Ihr professionelles Ansehen wird dadurch eher wachsen.

Wenn es Ihnen dennoch wieder einmal schwerfällt, eine Anfrage abzulehnen, sollten Sie sich vor Augen halten, dass Sie nur durch ein Nein verhindern können, dass sich bei Ihnen Ärger aufstaut und dann vielleicht in einem ungeeigneten Moment entlädt und Schaden anrichtet.

Ein Netzwerk verlassen

Wenn Sie irgendwann einen Schlussstrich ziehen und ein Netzwerk ganz verlassen wollen, sollten Sie dies in einer Art und Weise tun, dass Sie den anderen Netzwerkmitgliedern jederzeit wieder in die Augen schauen können. „Man begegnet sich im Leben immer zweimal" heißt es und Netzwerker erleben besonders häufig, wie wahr dieser Satz ist. Überlegen Sie sich, was Ihnen an dem Netzwerk gut gefallen hat und was genau der Grund ist, warum Sie nicht mehr teilnehmen möchten. So können Sie Ihren Schritt differenziert begründen und bleiben konstruktiv. Bewahren Sie das Positive für sich, indem Sie zum Beispiel den Kontakt zu denjenigen Netzwerkmitgliedern aufrechterhalten, die Ihnen besonders viel bedeuten.

4. Das Handwerkszeug fürs Networking

Dieses Kapitel beschreibt, wie Sie bei Networking-Events und auf anderen Wegen mit Ihren Zielpersonen in Kontakt kommen. Und Sie erfahren, was Sie tun können, damit aus neuen Kontakten langfristige, stabile Beziehungen werden. Wie Sie die damit verbundenen Daten verwalten, ist ebenfalls Thema.

Networking wirkt absichts- und mühelos. Man merkt nicht, dass dahinter eine Menge Arbeit steckt. Das Gute daran: Wer bereit ist, diese Arbeit auf sich zu nehmen, kann viele Aspekte des Networking erlernen, wie ein Handwerk, und hat gute Chancen, es nach einigen Gesellenjahren zur Meisterschaft zu bringen. Dabei kommt es auf zwei Fähigkeiten an: neue Kontakte zu knüpfen einerseits und andererseits bereits bestehende Kontakte zu pflegen und aus ihnen Beziehungen zu entwickeln.

Letzteres ist allerdings wichtiger, denn jeder von uns verfügt bereits über ein Netzwerk, dessen Potential es zunächst zu erschließen gilt. Zudem ergeben sich aus den bestehenden Kontakten oft viele neue – ohne dass man zu Stehempfängen gehen und Smalltalk halten muss. Überdies ist die Entwicklung von vorhandenen Kontakten viel einfacher zu erlernen als der Aufbau von neuen Kontakten. Dies ist für Sie am Anfang Ihrer Networking-Karriere günstig, damit sich schnell erste Erfolgserlebnisse einstellen, die Sie für weitere Aktivitäten motivieren.

Zögern Sie also nicht, an dieser Stelle zum Abschnitt über Kontaktpflege (siehe Seite 79 ff.) vorzublättern und zunächst diesen zu lesen, auch wenn die Darstellung im Folgenden ganz klassisch beim Aufbau neuer Kontakte beginnt und deren Lebenszyklus verfolgt.

Strategien zum Umgang mit Networking-Events

Mit dem Begriff „Networking" assoziieren viele Menschen die Vorstellung, alleine auf einer Party oder einem Networking-Event zu sein und auf andere Menschen zugehen zu müssen, die sich alle untereinander zu kennen und bestens zu unterhalten scheinen. Wenn Sie nicht gerade besonders extrovertiert sind, ist das wohl eine eher unangenehme Vorstellung und es ist nicht verwunderlich, dass viele angehende Networker versuchen, solche Situationen zu vermeiden:

- Sie kommen nur zum fachlichen Teil des Abends – erscheinen also erst kurz vor Beginn des Vortrags und gehen anschließend gleich wieder.
- Sie suchen nach der Veranstaltung schnellstens jemanden, den sie kennen und unterhalten sich nur mit dieser Person.
- Sie kommen von vornherein mit einem Kollegen oder Freund, mit dem sie sich anschließend unterhalten können.

Auf diese Weise lernen Sie allerdings niemanden kennen, was ja der eigentliche Sinn solcher Veranstaltungen ist. Nach einer Weile geben Sie dann frustriert das Networking auf – denn es ist schließlich nichts dabei herausgekommen. Viel wirksamer sind die folgenden Strategien:

- Wählen Sie als Einstieg eine Veranstaltung, bei der Chancengleichheit herrscht, weil ein großer Teil der Anwesenden sich untereinander noch nicht kennt. Ziehen Sie neue, schnell wachsende Netzwerke solchen vor, die etabliert sind und in denen sich alle kennen.

- Begrenzen Sie Ihr Risiko. Gehen Sie nicht gleich zu Veranstaltungen, bei denen Ihr Ruf auf dem Spiel steht, sondern suchen Sie ein Netzwerk, bei dem Experimentieren erlaubt ist und aus dem Sie sich notfalls schnell wieder zurückziehen können. Nutzen Sie die Möglichkeit, als Interessent verschiedene Netzwerke auszutesten – oft ist das sogar kostenlos möglich.

- Natürlich ist es hilfreich, wenn Sie schon andere Teilnehmer kennen und auf einer Veranstaltung dadurch sozusagen eine Anlaufstelle haben. Besuchen Sie also zunächst Clubtreffen oder Stammtische, bei denen Sie einzelne Mitglieder im kleineren Rahmen kennen lernen können. Fragen Sie herum, wer bei dem nächsten Event dabei sein wird, und kündigen Sie an, dass Sie auch kommen wollen. Seien Sie bei der Veranstaltung aber keine Klette, sondern bitten Sie einfach darum, dass Sie anderen vorgestellt werden.

- Wenn Sie gemeinsam mit Freunden oder Kollegen zu einer Veranstaltung gehen, sollten Sie sich bewusst für eine Weile getrennt „auf die Jagd" nach neuen Kontakten machen. Sie können vorher einen bestimmten Zeitpunkt vereinbaren, zu dem Sie sich wieder treffen, oder ein SOS-Signal, das Sie dem anderen geben, wenn Sie seine Hilfe benötigen oder unter vier Augen mit ihm sprechen wollen.

- Vielen Netzwerkveranstaltungen geht ein Fachvortrag voraus. Wenn Sie sich für das Thema interessieren, liefert der Vortrag Gesprächsstoff für eine anschließende Unterhaltung. Beachten Sie aber, dass viele Teilnehmer das Fachthema nicht allzu lange vertiefen und oft recht schnell zu persönlicheren Themen übergehen wollen.

- Manche Veranstalter planen Vorstellungsrunden oder Spiele zum Kennenlernen ein; diese sind eine große Hilfe, da sie Anknüpfungspunkte für das spätere Gespräch liefern. Das Eis ist schnell gebrochen, wenn Sie schon ein wenig über den anderen wissen oder im Rahmen des Spiels kurz miteinander gesprochen haben.

- Eine ähnliche Funktion können Fragen haben, die Sie am Ende eines Vortrags stellen. Nennen Sie deutlich Ihren Namen und stellen Sie sich ganz kurz mit Ihrem Beruf oder Ihrer Funktion vor. Auf diese Weise erleichtern Sie es sich und anderen, im Anschluss an die Fragerunde miteinander ins Gespräch zu kommen. Achten Sie aber darauf, die anderen Zuhörer nicht mit zu speziellen Fragestellungen oder durch mehrfaches Nachfragen zu ermüden.

- Wenn für eine Veranstaltung eine Liste der Teilnehmer oder sogar deren Profile bereitgestellt werden, so sollten Sie diese Möglichkeit nutzen, um sich vorab zu informieren. Wenn Sie die Teilnehmerliste erst während der Veranstaltung erhalten, lohnt es sich, sie anschließend noch einmal durchzuschauen, sofern während des Events dafür keine Zeit ist. Im Internet finden Sie mit Hilfe von Suchmaschinen wie Google und bei XING (siehe Seite 113 ff.) in der Regel problemlos weitere Informationen über die anderen Teilnehmer. Notieren Sie zum Beispiel Gemeinsamkeiten, auf denen Sie ein Gespräch aufbauen können, und markieren Sie die Teilnehmer, zu denen Sie auf jeden Fall Kontakt aufnehmen wollen. Selbst wenn Sie nur in Bezug auf den Referenten recherchieren, verfügen Sie damit über interessanten Gesprächsstoff, den Sie beisteuern können.

Visitenkarte & Co

Unerlässlich bei einem Networking-Termin sind Ihre Visitenkarten, ein Stift und einige Blatt Papier. Sicherheitshalber sollten Sie an verschiedenen Orten (im Auto, in der Akten- oder Handtasche, im Jackett) einige Visitenkarten deponieren, falls Sie einmal in der Eile vergessen, sich ein paar Exemplare einzustecken.

Auf Ihrer Karte sollten Vor- und Zuname ausgeschrieben sein. Falls Ihr Geschlecht nicht eindeutig aus dem Vornamen hervorgeht, formulieren Sie zum Beispiel Ihren akademischen Titel oder Ihre Berufsbezeichnung entsprechend. Die Berufsbezeichnung ist nicht unbedingt notwendig, eine aussagekräftige Angabe hilft dem Empfänger aber dabei, die Karte später Ihrem Gesicht zuzuordnen. Telefonnummer und E-Mail-Adresse sind heute sicherlich die wichtigsten Kontaktdaten. Adresse und Faxnummer sind ebenfalls üblich. Ob Sie darüber hinaus Ihre Handynummer und Website aufdrucken lassen wollen, bleibt ganz Ihnen überlassen. Oft ist es ausreichend, die Handynummer bei Bedarf handschriftlich zu ergänzen – Sie können das sogar als besondere Vertrauensgeste zelebrieren.

Tipp
Was bei Visitenkarten zu beachten ist

Visitenkarten können Sie über das Internet für wenig Geld oder sogar kostenlos[6] drucken lassen. Eine Karte mit üppiger Dekoration oder Werbeaufdruck wird meist nicht die beabsichtigte Wirkung haben. Halten Sie sich deshalb beim Design lieber etwas zurück. Als Selbständiger lohnt sich für Sie allerdings auf jeden Fall die Investition in eine professionell vom Grafiker entwickelte Visitenkarte, weil unweigerlich Rückschlüsse auf Ihre eigene Professionalität gezogen werden. Da sich die Kontaktdaten kurzfristig ändern können, sollten Sie zunächst nur eine überschaubare Stückzahl drucken lassen, selbst wenn Ihnen deswegen attraktive Mengenrabatte entgehen.

Knüpfen Sie auf Veranstaltungen bewusst neue Kontakte

Am besten lernt man auf Fremde zuzugehen, indem man beobachtet, wie andere sich dabei verhalten. Es sind nämlich immer die gleichen Muster, nach denen eine erfolgreiche Kontaktaufnahme abläuft. Wenn Sie sich dies bewusst machen und nach den folgenden Regeln vorgehen, werden Sie schon bald keine Schwierigkeiten mehr damit haben, mit Unbekannten ins Gespräch zu kommen:

- Verschaffen Sie sich zunächst einen Überblick über die Anwesenden: Gibt es jemanden, den Sie bereits kennen oder den Sie schon länger kennen lernen wollten? Sehen Sie jemanden, der ebenfalls alleine und möglicherweise auf der Suche nach einem Gesprächspartner ist? Wer macht einen besonders freundlichen und zugänglichen

---

6 Dann allerdings mit Werbeaufdruck, zum Beispiel bei www.vistaprint.de.

Eindruck? Natürlich sollten auch Sie selbst in dieser Phase offen und zugänglich wirken und sich nicht verstecken, indem Sie sich künstlich mit Handy oder Kalender beschäftigen. Stehen Sie dazu, dass Sie nach einem Gesprächspartner suchen – den meisten anderen Teilnehmern bei solchen Veranstaltungen geht es genauso. Sie müssen sich nur gegenseitig als Suchende erkennen.

- Dieses Erkennen geschieht über den Blickkontakt. Sie stellen ihn her, indem Sie dem anderen in die Augen schauen und ihm zunicken, wenn er Ihren Blick erwidert. Wahrscheinlich werden Sie dazu lächeln und einen Schritt auf den anderen zugehen. Vielleicht prosten Sie sich auch zu oder lassen sich, falls Sie Raucher sind und das Rauchen erlaubt ist, Feuer geben. Auf diese Weise können Sie – ganz ohne Worte – aushandeln, dass Sie beide an einem Gespräch interessiert sind.

- Der Gesprächseinstieg erfolgt dann meist mit einer ganz banalen offenen Frage oder einem kurzen Statement: „Sind Sie zum ersten Mal hier?", „Ich habe Sie hier noch nie gesehen." Und schon sind Sie mitten im Smalltalk, einer Art Aufwärmphase, in der Sie feststellen, ob es eine gemeinsame Gesprächsgrundlage gibt. Vermeiden Sie zunächst alle Themen, die für den anderen langweilig, schwierig oder sogar peinlich sein könnten, und sprechen Sie bewusst auch über Nebensächlichkeiten. Sie erfahren dabei mehr über Ihr Gegenüber, entdecken gemeinsame Interessen und Themen für das weitere Gespräch. Zugleich schaffen Sie eine vertrauensvolle Atmosphäre. Es geht beim Smalltalk darum, sich im Rahmen einer freundlichen, unverbindlichen Unterhaltung immer wieder gegenseitig den Ball zuzuwerfen, zu zeigen, dass man zuhört und auf den anderen eingeht. Wenn sich Ihr Gesprächspartner zum Beispiel nicht für Fußball oder Formel 1 interessiert, wechseln Sie das Thema und finden ein passenderes. Es geht nicht darum, Recht zu haben oder etwas Bedeutsames zu sagen, sondern vor allem darum, das persönliche Interesse am Gesprächspartner zu signalisieren. Widerstehen Sie auch der Versuchung, Gesprächspausen zu vermeiden, indem Sie pausenlos reden. Beteiligen Sie den anderen an der Verantwortung für das Gespräch, indem Sie ihm gezielt offene Fragen stellen. Das ist auch dann eine gute Strategie, wenn Sie sich noch unsicher fühlen.

1. Lächeln Sie! Wenn Sie jemanden kennen lernen, sind ein freundliches Gesicht, ein aufmerksamer Blick, eine interessierte Stimme und eine offene, zugewendete Körpersprache zunächst viel wichtiger als das, was Sie sagen. Natürlich ist es schwer, Erscheinung, Körpersprache und Stimme bewusst zu steuern. Gerade deshalb ist aber das Lächeln so wichtig, weil Sie damit indirekt Ihr ganzes Erscheinungsbild beeinflussen, sich entspannen und außerdem über alle Kanäle eine positive Einstellung kommunizieren.

2. Wählen Sie unverbindliche Themen, die wenig Raum für gegensätzliche Meinungen oder Missverständnisse bieten. Gut geeignet sind das Wetter, Urlaubsziele, Musik oder das Kinoprogramm. Besser vermeiden sollten Sie Politik und Religion, Geld, moralische Urteile sowie Krankheit und Tod.

3. Den einfachsten Gesprächsstoff liefert das Hier und Jetzt: der Anlass des Treffens, die Verkehrslage bei der Anreise, die Räumlichkeiten, die Gastgeber.

4. Schenken Sie dem Gesprächspartner Ihre ungeteilte Aufmerksamkeit. Überlegen Sie nicht immer schon, was Sie als Nächstes sagen oder wen Sie danach ansprechen wollen. Reihen Sie nicht einfach Fragen aneinander, sondern entwickeln Sie Ihre Fragen aus dem Gesagten. Machen Sie deutlich, dass Sie aufmerksam zuhören. Gezielte Notizen, etwa auf der Rückseite Ihrer Visitenkarte, können Aufmerksamkeit signalisieren und Ihnen beim späteren Erinnern helfen.

5. Fragen Sie sofort nach, wenn Sie etwas nicht verstehen, und stellen Sie sofort richtig, wenn der andere etwas missverstanden hat. Peinlichkeiten entstehen nur, wenn Sie zu lange mit Ihrer Reaktion warten. Sprechen Sie auch direkt aus, wenn Sie an einer Sache besonders interessiert sind. Ansonsten interpretiert der Gesprächspartner womöglich Ihre höfliche Zurückhaltung als Desinteresse.

● Eine weitere Möglichkeit, Anschluss zu finden: Sie stellen sich an einen Tisch, an dem sich andere Leute schon unterhalten, und fragen: „Ist hier noch Platz? Darf ich mich dazugesellen?" Sie können dabei in die Runde blicken und mit dem einen oder anderen Blickkontakt aufnehmen. Achten Sie darauf, was gesprochen wird, und beteiligen Sie sich an der Unterhaltung, wenn Sie einen Anknüpfungspunkt entdecken: „Darf ich mich einklinken? Sie sprechen über …" Bei einem Networking-Event ist ein solches Verhalten nicht unhöflich.

Wenn gerade vertrauliche oder persönliche Dinge besprochen werden, würde man Ihnen das vorab signalisieren.

● Ein guter Einstieg ist auch, das Namensschild zu lesen und jemanden dann persönlich anzusprechen: „Hallo, Herr Treiber, sind Sie auch das erste Mal auf einer solchen Networking-Veranstaltung wie dieser?" Der Gesprächspartner fühlt sich dadurch viel direkter angesprochen und wird sich intensiver mit Ihrer Frage beschäftigen. Sie kennen das von Callcenter-Mitarbeitern, die darauf trainiert sind, Sie immer wieder mit Ihrem Namen anzusprechen. Das wirkt manchmal künstlich, verfehlt aber selten seine Wirkung.

● Wie auch immer Sie ins Gespräch kommen, Sie sollten nicht zu lange damit warten, sich gegenseitig vorzustellen. Dies liefert gerade am Anfang einer Unterhaltung willkommenen Gesprächsstoff und Sie können schneller herausfinden, wo Gemeinsamkeiten bestehen. Wenn Sie zu lange zögern, wirkt das Vorstellen später etwas aufgesetzt und Sie würgen möglicherweise das Gespräch dadurch ab. Auch wenn sich die Netzwerk-Teilnehmer untereinander generell duzen: Stellen Sie sich immer mit Vor- und Zuname vor, damit man später eindeutig zuordnen kann, mit welcher „Sabine" oder welchem „Thomas" man geredet hat. Sprechen Sie Ihren Namen ganz deutlich aus, denn Ihrem Gesprächspartner ist es sicherlich peinlich, wenn er mehrfach nachfragen muss oder Sie anschließend nicht namentlich ansprechen kann, weil er Sie nicht richtig verstanden hat. Ein praktischer Trick ist die Wiederholung des Namens wie bei 007: „Mein Name ist Bond, James Bond." Sie sagen also zunächst Ihren Nachnamen (oder wenn sich alle duzen zunächst den Vornamen) und wiederholen dann noch einmal den gesamten Namen. Andere verbinden den Namen mit einer kleinen Erklärung oder Geschichte: „Mein Name ist Carl Schurz, Schurz wie Schürze." Oder: „Carl mit C – einer meiner Vorfahren ist nach Amerika ausgewandert und hat seinen Vornamen so geschrieben. Meine Eltern haben mich nach ihm benannt." Auf diese Weise bleibt Ihr Name besser in Erinnerung und Sie generieren zudem interessanten Gesprächsstoff.

● Das gegenseitige Vorstellen sollte bei geschäftlichen Anlässen mit dem Austausch der Visitenkarten verbunden werden. Stecken Sie die Karte Ihres Gesprächspartners jedoch nicht einfach achtlos weg, sondern betrachten Sie sie aufmerksam und bedanken Sie sich dafür. Dabei haben Sie auch Gelegenheit, sich den Namen nochmals einzuprägen, und Sie können eine Frage anschließen, zum Beispiel: „Sie arbeiten in Wiesbaden. Wohnen Sie auch dort?"

- Nach dem einleitenden Smalltalk beginnt dann das eigentliche Gespräch. Es kristallisieren sich Themen heraus, an denen Sie beide starkes Interesse haben. Bei einem Networking-Anlass wird die Zeit zu einem ausführlichen Austausch meist nicht reichen, sehen Sie das aber positiv: Auf diese Weise haben Sie Anknüpfungspunkte gefunden, um den Kontakt später zu vertiefen.

- Letztlich zielt das Kennenlernen auf das Entdecken solcher Anknüpfungspunkte. Achten Sie deshalb im Gespräch neben gemeinsamen Interessen vor allem auf Möglichkeiten, wie Sie dem anderen einen Gefallen tun beziehungsweise wieder Kontakt mit ihm aufnehmen können, sei es indem Sie ihm eine Information zukommen lassen, die Kopie eines Artikels schicken oder ihm einen anderen Kontakt vermitteln. Im vorherigen Kapitel finden Sie eine ganze Reihe von Ideen, wie Sie hier in Vorleistung gehen können (siehe Seite 45 ff.).

- Sollten Sie bis zu diesem Zeitpunkt noch keine Visitenkarten ausgetauscht haben, bietet sich jetzt nochmals die Gelegenheit dazu. Machen Sie sich auf der Karte Ihres Gesprächspartners eine Notiz, damit Sie nicht vergessen, was Sie ihm zugesagt haben. Prüfen Sie, ob die benötigten Kontaktdaten angegeben sind, zum Beispiel die Faxnummer, falls Sie etwas faxen möchten.

- Sie wollen das Gespräch beenden und sich jemand anderem zuwenden? Genau wie zu Beginn können Sie auch jetzt Ihre Absicht indirekt durch Ihre Körpersprache signalisieren. Es genügt oft, den Abstand zum Gesprächspartner ein wenig zu vergrößern und sich ganz leicht seitlich zu drehen. Sie können außerdem bewusst in knapperen Sätzen antworten oder schneller sprechen. Ihr Gegenüber wird diese Zeichen automatisch erkennen und auch von seiner Seite zum Ende kommen. Natürlich können Sie das Ende des Gesprächs auch verbal ankündigen, beispielsweise mit einer der folgenden Formulierungen: „Erlauben Sie mir eine letzte Frage?" – „Darf ich mich entschuldigen?" – oder einfach: „Es hat mich wirklich sehr gefreut, Sie kennen zu lernen. Lassen Sie uns in Kontakt bleiben!"

Die Weichen richtig stellen

Ob es bei einem einmaligen Kontakt bleibt oder sich daraus eine Netzwerk-Beziehung entwickelt, hängt davon ab, was Sie nach dem Kennenlernen unternehmen. Als ersten Schritt sollten Sie im Anschluss an Networking-Events möglichst bald die gesammelten Visitenkarten sichten und gleich entscheiden, mit wem Sie von sich aus den Kontakt vertiefen wollen. Erfassen Sie dann die Kontaktdaten sofort in Ihrem Adressprogramm (mehr zu dem Thema Kontaktverwaltung erfahren Sie ab Seite 86 ff.). Noch sind Ihre Erinnerungen frisch: Notieren Sie, was Sie an der jeweiligen Person bemerkenswert fanden und bei welchen Punkten Sie Ansätze für weitere Kontakte sehen.

Tipp
Wenn Sie sich noch nicht entscheiden können

Falls Sie einen Kontakt nicht von sich aus aktiv weiterverfolgen wollen, dann müssen Sie sich entscheiden, ob Sie die Kontaktdaten überhaupt erfassen oder die Visitenkarte wegwerfen. Ein guter Kompromiss kann es sein, die Karte in einem Sammelbehälter für nicht erfasste Visitenkarten aufzubewahren. Sollte der Karteninhaber seinerseits auf Sie zukommen, können Sie auf die Visitenkarte zurückgreifen. Ansonsten entsorgen Sie die gesammelten und offenbar längere Zeit nicht benötigten Karten bei der nächsten Aufräumaktion.

Wenn Sie versprochen haben, eine Information zu senden, dann erledigen Sie das entweder sofort oder planen die entsprechende Aktivität in Ihrem Terminkalender ein. Haben Sie noch keinen nächsten Schritt definiert, dann sollten Sie dies jetzt tun. Sie könnten sich zum Beispiel vornehmen, den Betreffenden in einer Woche nochmals anzurufen.

Denken Sie daran, Ihrem neuen Kontakt kurz per Telefon oder E-Mail Bescheid zu sagen, falls sich der zugesagte Gefallen etwas verzögert, etwa weil der Ansprechpartner, bei dem Sie nachfragen müssen, gerade in Urlaub ist.

Nehmen Sie sich regelmäßig Zeit – zum Beispiel an einem bestimmten Nachmittag in der Woche –, um sich einen Überblick über Ihre neuen

Kontakte zu verschaffen und diese zu vertiefen. Wie Sie dabei konkret vorgehen, lesen Sie im Abschnitt über Kontaktpflege ab Seite 79.

Per Telefon und E-Mail Kontakte aufbauen

Mittlerweile ist es so, dass sich viele Menschen gar nicht mehr persönlich kennen lernen, sondern sie kontaktieren sich ausschließlich über E-Mail und Telefon. Aber auch beim Vertiefen solcher Kontakte, die durch ein persönliches Treffen entstanden sind, spielen diese Medien eine entscheidende Rolle.

Gut zu wissen

Wie wichtig sind Briefe heutzutage?

Die Bedeutung von Briefen hat sehr stark abgenommen. Wenn Sie einen persönlichen Brief schreiben, um mit jemandem Kontakt aufzunehmen, ist das inzwischen so ungewöhnlich, dass Sie gerade deshalb vielleicht eine Chance haben, damit besondere Aufmerksamkeit zu erregen. In der Regel ist das Versenden eines Briefs aber nur sinnvoll, wenn Sie anschließend telefonisch nachfassen.

Beim Verschicken von Serienbriefen außerhalb einer bestehenden Geschäftsbeziehung geht es ebenfalls nicht ohne Anrufe: Am besten prüfen Sie schon vorab telefonisch die Adresse und Zuständigkeit des Empfängers, eventuell erfragen Sie auch gleich das Interesse („Vorqualifizierung"), das seinerseits besteht. Nach dem Mailing müssen Sie dann erneut telefonisch nachhaken.

Zum Einsatz kommen Briefe natürlich auch, um einem neuen Kontakt den angekündigten Flyer, eine Broschüre oder Ähnliches zukommen zu lassen. Häufig wird dann auf ein langes Anschreiben verzichtet und einfach nur die Visitenkarte mit einem kurzen Gruß beigefügt. Aber auch in diesem Zusammenhang wird immer weniger Post verschickt: Die meisten Drucksachen stehen inzwischen als PDF zur Verfügung und können bequem als E-Mail-Anhang versendet werden. Wenn sie im Internet veröffentlicht sind, genügt sogar die Angabe des Links.

Das Fax spielt nur noch eine Nebenrolle als Medium, wenn es darum geht, wenige Seiten zu übertragen, die nicht vollständig in elektronischer Form zur Verfügung stehen, zum Beispiel wegen handschriftlicher Ergänzungen oder weil eine Unterschrift nötig ist.

Wichtige Regeln für Telefonkontakte

Beim Telefonieren gibt es nicht viel Raum für Smalltalk. Sie müssen schnell zur Sache kommen, denn Sie wissen nicht, wie viel Zeit Ihr Gesprächspartner hat. Dieser möchte möglichst rasch erfahren, wer Sie sind und ob sich das Gespräch mit Ihnen lohnt. Deshalb sollten Sie sich vor jedem Anruf klar machen:

- Was ist der Aufhänger für Ihren Anruf?

- Was wollen Sie erreichen?

- Was hat der andere davon?

Nennen Sie Ihren Namen und erklären Sie kurz, wie Sie auf den Angerufenen aufmerksam geworden sind, ob es sich beispielsweise um eine persönliche Empfehlung handelt, ob Sie einen Presseartikel, eine Anzeige oder ein Buch des Telefonpartners gelesen haben oder im Internet auf seine Website gestoßen sind. Sie können das mit einem kleinen Kompliment verbinden – darüber freut sich jeder. Sprechen Sie dann Ihr Anliegen ohne Umschweife an, etwa folgendermaßen: „Darf ich Ihnen eine Frage stellen? Ich habe die Antwort auf der Website nicht gefunden." Wenn sich die Angelegenheit schnell abklären lässt, wird der Angerufene dies in der Regel gerne sofort erledigen wollen. Wenn Sie bemerken, dass er gerade nicht so viel Zeit hat, sollten Sie anbieten, das Gespräch zu einem anderen Zeitpunkt fortzusetzen oder die restlichen Fragen per E-Mail zu stellen.

Schieben Sie bei einem solchen Telefongespräch nicht immer noch eine weitere Frage nach, sondern kommen Sie möglichst zügig von sich aus zum Schluss, um die Zeit Ihres Gesprächspartners nicht über Gebühr zu beanspruchen. Wenn Sie eine ganze Reihe von Fragen haben oder einen Sachverhalt ausführlicher erklären wollen, sollten Sie sich nicht das Ziel setzen, auf alle Fragen gleich eine Antwort zu erhalten, sondern zunächst einmal auf die Bereitschaft zu einem ausreichend langen Gesprächstermin hinarbeiten.

Sie und Ihr Gesprächspartner am Telefon finden sich sympathisch und plaudern gerne miteinander? Dann dürfen Sie auch ohne einen wichtigen Grund anrufen. Wenn ein längeres Telefongespräch oder ein persönlicher Gesprächstermin aber einen Gefallen darstellt, sollten Sie sich darüber Gedanken machen, was der andere davon hat. Oft genügt es, einfach zu vermitteln, wie gerne man sich unterhalten möchte oder wie wichtig die Unterstützung des anderen ist, und ihm für seine Gesprächsbereitschaft zu danken. Sie können auch nach dem Honorar fragen und eine Bezahlung anbieten. Vielleicht wollen Sie aber selbst etwas verkaufen. Dann kann der Anreiz für den Angerufenen zum Beispiel in einer kostenlosen Beratung zu einem bestimmten Thema bestehen.

Tipp
Achten Sie auf die korrekte Schreibweise von Namen

Häufig werden Sie beim Telefonieren weiterverbunden. Das Positive daran: Auf diese Weise lernen Sie verschiedene Gesprächspartner in der Organisation des Angerufenen kennen. Notieren Sie deren Namen und lassen Sie sich diese gegebenenfalls buchstabieren. Dann können Sie einen Gesprächspartner namentlich ansprechen, ihn bei Bedarf noch einmal gezielt anrufen oder sich gegenüber anderen auf ihn beziehen. Besonders wichtig ist die korrekte Schreibweise von Namen, wenn Sie später jemanden anschreiben wollen, denn ein falsch geschriebener Name gilt als Unhöflichkeit. Zögern Sie nicht, notfalls die Telefonzentrale oder das Sekretariat anzurufen, um sich nach der richtigen Schreibweise zu erkundigen. Manchmal können Sie zwei Fliegen mit einer Klappe schlagen, indem Sie sich die E-Mail-Adresse buchstabieren lassen: Häufig enthält diese nämlich bereits den Vor- und Zunamen des Empfängers.

Wenn Sie bei einem Anruf zunächst einen „Gatekeeper", zum Beispiel eine Chefsekretärin, am Apparat haben, sollten Sie einen klaren Grund dafür benennen können, warum Sie die betreffende Person sprechen wollen. Eine Möglichkeit besteht darin, die Sekretärin zur Verbündeten zu machen, indem Sie ihr erklären: „Ich möchte Herrn XY mit einer Aufmerksamkeit überraschen und bin auf Ihre Hilfe angewiesen." Legen Sie sich auf alle Fälle vorher eine passende Argumentation zurecht. Allerdings ist es heutzutage sehr viel einfacher als früher, direkt mit dem gewünschten Gesprächspartner verbunden zu werden oder die Durchwahl zu erhalten, da Sekretariate und Telefonzentralen oft eine große Anzahl von Mitarbeitern zu betreuen haben. Die eigentliche Herausforderung sind deshalb inzwischen Anrufbeantworter und Voicemail. Wenn Sie auf Band sprechen, sollten Sie immer auch zum Ausdruck bringen, was der andere davon hat, wenn er Sie zurückruft.

Die Vorteile von E-Mails

Wenn Ihr Anliegen nicht dringend ist oder es sich in erster Linie um eine Informationsübermittlung handelt, kann es sinnvoller sein, eine E-Mail zu verschicken anstatt anzurufen beziehungsweise eine Nachricht auf Band zu sprechen. Gemailte Informationen gehen nicht so leicht verloren. Zudem liegen dem Empfänger auf diese Weise Ihre Kontaktdaten vollständig vor, was dazu beiträgt, Missverständnissen und Schreibfehlern vorzubeugen. Ein weiterer Vorteil: Mit einer E-Mail können Sie im Gegensatz zu einer mündlichen Nachricht auf Band Ihr Anliegen etwas ausführlicher darstellen und gegebenenfalls an den Formulierungen feilen. Auch wenn Sie zum ersten Mal mit jemandem Kontakt aufnehmen möchten, kann es sinnvoll sein, Ihren Anruf zuerst per E-Mail anzukündigen.

Reicht ein E-Mail-Kontakt jedoch nicht aus, um eine Angelegenheit zu klären, sollten Sie nicht zögern, dem gewünschten Gesprächspartner einen Telefontermin vorzuschlagen. Für viel beschäftigte Menschen sind telefonische Verabredungen inzwischen genauso selbstverständlich wie persönliche Treffen.

Tipp
Praktisch – Signaturen bei E-Mails

Versehen Sie Ihre Mails mit einer Signatur: Jeder ausgehenden Nachricht wird am Ende automatisch ein kurzer Text mit Ihren Kontaktdaten angehängt. Sie können auch mehrere private und geschäftliche Signaturen definieren und jeweils gezielt eine auswählen. Das ist keine technische Spielerei, sondern eine höfliche Geste gegenüber dem Empfänger der E-Mail, dem Sie es dadurch ersparen, in seiner eigenen Kontaktdatenbank Ihre Telefonnummer nachschauen zu müssen, wenn er Sie zum Beispiel lieber direkt anrufen möchte als wiederum eine Mail zu schicken.

Keinen Gebrauch sollten Sie hingegen von der Möglichkeit machen, jeder E-Mail Ihre elektronische Visitenkarte („vCard") anzuhängen. Der Empfänger muss dann nämlich immer prüfen, um was für eine Art von Anhang es sich handelt. Nicht zu empfehlen ist auch die Verwendung farbiger Hintergründe und spezieller Schriftarten, da sie die Lesbarkeit der Nachrichten unter Umständen erschweren.

Networken mit neueren Kommunikations- technologien

Unsere Bestandsaufnahme zum Thema aktuelle Kommunikationsmedien ist noch nicht vollständig. Im Folgenden werden die wichtigsten Techno- logien mit ihren Einsatzbereichen vorgestellt. Gemessen an der Zahl versendeter Nachrichten gehören SMS (Short Message Service) sowie Instant-Messenger-Nachrichten zu den am häufigsten verwendeten Medi- en. Allerdings gilt für die meisten dieser und ähnlicher Technologien, dass sie vor allem dazu genutzt werden, bestehende Kontakte zu pflegen und we- niger neue zu knüpfen – trotzdem sollten Sie mit ihnen vertraut sein, weil sie die Kontaktpflege wesentlich vereinfachen und abwechslungsreicher gestalten.

Was sind Instant Messenger?

Anders als Handys und SMS sind Instant Messenger noch nicht jedem ein Begriff. Es handelt sich um Computerprogramme, die im Hintergrund ablaufen und in Listenform darstellen, welche Kontakte des Benutzers gerade online, sprich mit dem Internet verbunden sind und ebenfalls ihr Messengerprogramm gestartet haben. Diesen Kontakten kann der Benut- zer jederzeit eine Message, also eine kurze Textnachricht – ähnlich einer SMS –, schicken. Außerdem können wie bei einer E-Mail auch Dateien übertragen werden. Wenn der andere die Nachricht erhalten hat und ge- rade seine Antwort eintippt, so kann man dies erkennen und die Antwort abwarten, bevor man sich erneut meldet.

Schon wieder antiquiert: Chat

Haben Sie schon mal ein klassisches Chat-System benutzt? Solche Kon- taktplattformen bestehen aus thematisch benannten Chaträumen, in de- nen Besucher mit ähnlichen Interessen oder aus der gleichen Region sich austauschen können. Wer einen solchen virtuellen Raum betritt, wird als Teilnehmer gelistet. Jeder hinterlegt bei der Anmeldung ein mehr oder we- niger ausführliches Nutzerprofil, um sich selbst zu beschreiben. Um mit anderen in Kontakt zu treten, kann man eine Nachricht verfassen, die im für alle sichtbaren fortlaufenden Textfenster des Chatraums erscheint. Sie können aber auch einen einzelnen Teilnehmer direkt ansprechen – ähnlich wie bei einem Messenger. Zwar werden solche Chats noch immer einge- setzt, zum Beispiel für Expertenchats im Anschluss an Fernsehsendungen, sie eignen sich jedoch nicht für Business-Networking. Die Hauptschwäche besteht darin, dass die Kontaktaufnahme nur zwischen gleichzeitig Anwesenden erfolgen kann und somit zu unsystematisch ist.

Networking-Plattformen

Heutige Networking-Pattformen wie Facebook, Myspace oder XING arbeiten völlig anders: Einen öffentlichen Chat gibt es nicht. Die Kontaktaufnahme erfolgt gezielt von einem zum anderen Teilnehmer. Wie bei einem Messengersystem können Nachrichten versendet werden, teilweise auch Bilder und andere Anhänge. Statt nur die Teilnehmer ansprechen zu können, die gerade in einem Chatraum online sind, können Sie bei diesen Plattformen mit umfangreichen Suchfunktionen die Profile sämtlicher registrierten Teilnehmer – egal ob online oder offline – nach passenden Gesprächspartnern durchsuchen.

Diskussionsforen

Nutzer mit ähnlichen Interessen finden sich in den modernen Networking-Systemen nicht mehr über Chaträume, sondern über Diskussionsforen. Jeder Teilnehmer kann ein eigenes Diskussionsforum zu einem bestimmten Thema eröffnen. Andere Nutzer können diesem Forum beitreten und Beiträge verfassen. So entsteht einerseits eine Liste von Teilnehmern, die an einem bestimmten Thema interessiert sind, und andererseits eine Vielzahl von aufeinander bezogenen inhaltlichen Äußerungen und Beiträgen zu diesem Thema, wobei jeder Beitrag wiederum mit dem Profil seines Urhebers verlinkt ist. Oft sind es nur vergleichsweise wenige Teilnehmer, die aktiv in den Foren schreiben und eine Art öffentlichen Briefwechsel führen. Ihre Artikel werden jedoch von einer sehr viel größeren Zahl von Lesern passiv verfolgt.

Weblogs (Blogs)

Ganz ähnlich verhält es sich mit Weblogs. Hier schreiben einer oder auch einige wenige Autoren Beiträge, die von einer Vielzahl von Lesern verfolgt und häufig mit Kommentaren versehen oder mit Beiträgen auf dem eigenen Blog beantwortet werden. Die öffentlichen Beiträge verschaffen den Verfassern einen gewissen Bekanntheitsgrad und führen dazu, dass Leser direkt mit Autoren Kontakt aufnehmen, ähnlich wie bei Netzwerkmitgliedern, die bei einer Networking-Veranstaltung einen Vortrag halten. Weitere

Informationen zum Thema Weblogs finden Sie unter www.jeder-ist-unternehmer.de/blogs.

Was ist ein RSS-Reader?

Mit einem RSS-Reader können Sie Nachrichten aus verschiedenen Quellen wie Diskussionsforen, Weblogs und Nachrichtenseiten (zum Beispiel Spiegel-online) abonnieren und in chronologischer Reihenfolge lesen. RSS steht dabei für „Rich Site Summary" und ist ein Dateiformat für den Austausch von Nachrichten. Immer mehr Websites stellen ihre Beiträge und Nachrichten zusätzlich in diesem Format zum Abruf bereit. Die Benutzeroberfläche des RSS-Readers ähnelt typischerweise der von Mailprogrammen wie Outlook: Sie wählen im linken Fenster die entsprechende Quelle, erhalten in einem zweiten Fenster rechts oben eine Übersicht der neuesten Beiträge und Meldungen und können dann im Fenster rechts unten den gewählten Beitrag im Volltext lesen. Von daher ist es nicht überraschend, dass RSS-Reader nicht mehr nur als eigenständige Programme vorkommen, sondern auch zunehmend in Mailprogramme und Webbrowser integriert werden.

Groups - ein Intranet für kleine Netzwerke

Schon bei kleinen Gruppen stößt die direkte Kommunikation per Telefon oder E-Mail schnell an ihre Grenzen. Entweder bleiben einige Mitglieder vom Informationsfluss ausgeschlossen, weil nur der harte Kern der Gruppe miteinander kommuniziert, oder alle schicken Mails an alle, was dann aber dazu führt, dass die inflationär zunehmenden Rundmails schon bald ungelesen im Papierkorb landen.

Die Lösung: ein kleines Intranet, in das sich Gruppenmitglieder einloggen können, wann immer sie gerade Zeit haben, um sich auf den neuesten Stand zu bringen. Sie haben die Möglichkeit, in einem eigenen Forum Nachrichten zu hinterlassen und zu diskutieren, Dateien und Fotos zu hinterlegen, das aktuelle Mitgliederverzeichnis einzusehen, Umfragen unter den Teilnehmern durchzuführen und einen Veranstaltungskalender für die Gruppe zu führen. Auch Rundmails sind möglich, von ihnen wird aber nur zur Verbreitung wichtiger Neuigkeiten Gebrauch gemacht.

Yahoo war mit seinen kostenlosen „Yahoo! Groups" lange Zeit der führende Anbieter solcher Gruppen-Intranetze. Inzwischen gibt es nicht nur Google-Groups mit einer ähnlichen Funktionalität, sondern fast jede

Networking-Plattform bietet ihren Mitgliedern die Möglichkeit, eigene Gruppen zu eröffnen.

Ergreifen Sie die Initiative und legen Sie für eine Ihnen persönlich wichtige Gruppe ein solches kleines Intranet an. Auf diese Weise lassen sich die bestehenden Kontakte innerhalb des Netzwerks sehr einfach pflegen. Wenn Sie eine größere Gruppe im geschäftlichen Umfeld aufbauen wollen, empfiehlt sich die Gruppenfunktion von XING, die ab Seite 118 beschrieben wird.

Für aktive Netzwerker werden sich auch weiterhin immer wieder neue Chancen ergeben, durch geschicktes Anwenden von Technologien Kontakte zu knüpfen und auf abwechslungsreiche und zeitgemäße Weise zu pflegen.

Kontaktpflege: So werden aus Kontakten Beziehungen

Sie haben persönlich oder telefonisch, vielleicht auch zunächst auf elektronischem Weg, mit jemandem Kontakt aufgenommen. Wie wird nun aus einem solchen Kontakt eine vertrauensvolle Beziehung?

Zwei Phasen der Kontaktentwicklung

Die Entwicklung vom Kontakt zur Netzwerk-Beziehung verläuft in zwei Phasen:

1. Nach dem Erstkontakt geht es darum, relativ zeitnah nachzufassen und den Kontakt zu vertiefen, indem Sie zum Beispiel den Gesprächspartner anrufen und sich länger mit ihm unterhalten oder ihn persönlich treffen. Sie lernen ihn dadurch besser einzuschätzen, finden heraus, was Sie füreinander tun können, und beschließen gegebenenfalls erste konkrete Schritte. Durch möglichst rasches Erfüllen von Zusagen beweisen Sie Ihre Verlässlichkeit und bestärken den anderen darin, den Kontakt aufrechtzuerhalten. Vielleicht ergeben sich daraus unmittelbar weitere persönliche Treffen oder sogar eine Zusammenarbeit.

2. Nachdem Sie einen Kontakt erfolgreich vertieft haben, können Sie entscheiden, mit welcher Intensität Sie ihn nun weiter pflegen wollen. Das drückt sich vor allem in der Zeitspanne aus, die maximal verstreichen sollte, bevor Sie wieder auf den Gesprächspartner zukommen. Sie können dabei nach Gefühl vorgehen oder eine Priorisierung der Kontakte

vornehmen, wie Sie sie im nächsten Abschnitt (siehe Seite 85 f.) kennen lernen werden. Nutzen Sie auf jeden Fall Standardgelegenheiten, wie Geburtstage und Weihnachten, um die Verbindung zu Kontakten, bei denen Sie sich länger nicht gemeldet haben, zu erneuern. Mit ein wenig Kreativität finden Sie weitere Anlässe, um aktiv und systematisch Kontakt aufzunehmen. Das kann zum Beispiel die Gratulation zum Namenstag sein (der Vorteil dabei ist, dass dieser nicht die Kenntnis des Geburtstags voraussetzt) oder zu beruflichen Veränderungen, über die Sie sich in einem Newsletter oder einer Zeitschrift, in denen über Neuigkeiten aus der Branche berichtet wird, informieren können. Auch eine Einladung zu einem Abendessen oder einer Party ist ein geeigneter Anlass, um einen Kontakt aufzufrischen. Stellen Sie aber keine überhöhten Anforderungen an sich selbst – lieber ein informelles gemeinsames Mittagessen jetzt als die große Einladung zum Abendessen, die dann doch nie erfolgt.

Tipp
Überfordern Sie Ihre Gesprächspartner nicht!
Nicht jeder Kontakt wird gleich zu einer lebenslangen Freundschaft oder einer geschäftlichen Kooperation führen. Telefonieren Sie zunächst miteinander und finden Sie dabei heraus, welche Vorteile der Kontakt für beide beteiligten Seiten bringen kann. Nur Networking-Anfänger schlagen gleich ein persönliches Treffen oder eine Kooperation vor, ohne dass die genauen Erwartungen vorher geklärt sind. Auch wenn es zunächst bei einem Telefonat bleibt und sich noch nichts Greifbares für Sie ergibt: Sie bleiben in angenehmer Erinnerung und können jederzeit wieder auf den Gesprächspartner zugehen.

Ein geeigneter Maßstab für die Häufigkeit von Kontakten ist, dass Sie dem anderen jederzeit wieder „in die Augen schauen" können, das heißt, dass Sie kein schlechtes Gewissen haben müssen, sich zu lange nicht gemeldet zu haben. Tim Templeton hat dafür die Metapher „Erlaubnisschein" verwendet: Sie erwerben und verlängern sozusagen Ihren Erlaubnisschein, jederzeit auf jemanden in Ihrem Netzwerk zugehen zu dürfen.

Alles was dazu nötig ist, einen Kontakt zu entwickeln und zu erhalten, haben Sie bereits im vorherigen Kapitel gelesen. Sie müssen es jetzt nur anwenden. Suchen Sie bewusst

- nach Gemeinsamkeiten, die Gesprächsstoff liefern,
- nach einem Anlass, um dem anderen eine Freude zu machen,
- nach Gelegenheiten, um dem anderen ein Lob oder Kompliment aussprechen zu können.
- Wenn Sie ein Anliegen haben, dann bitten Sie direkt um Hilfe, aber so, dass der andere jederzeit Nein sagen kann.

Tipp
Bieten Sie Ihre Unterstützung an!

Auf besonders effiziente Weise pflegen Sie Kontakte, indem Sie andere ermutigen, sich bei Ihnen zu melden: „Lassen Sie mich wissen, wie Sie damit zurechtgekommen sind", „Rufen Sie mich an, wenn Sie noch Hilfe brauchen" oder „Melden Sie sich, wenn ich Ihnen geschäftlich oder auf irgendeine andere Weise behilflich sein kann". Früher waren solche Bemerkungen eine Selbstverständlichkeit im Geschäftsleben. Heute versuchen viele, den Kontakt zu reduzieren, wenn ein Geschäft abgeschlossen ist, denn das Geld ist verdient und der Service kostet nur Arbeit ...

Die Konsequenz: Anstatt dass ein Kunde oder Netzwerkpartner sich in dem Moment meldet, in dem Sie ihm einen Gefallen tun und die Beziehung vertiefen könnten, müssen Sie selbst wieder mühsam den Kontakt aufbauen – zu einem Zeitpunkt, wenn Ihr Kontaktversuch für den anderen wahrscheinlich viel weniger hilfreich oder sogar störend ist.

Die Grundlagen von erfolgreichem Networking

Das Erfolgsgeheimnis beim Networking ist die Konsequenz, mit der Sie die beschriebenen einfachen, aber wirkungsvollen Techniken beziehungsweise Verhaltensweisen anwenden. Gute Networker verwenden viel Zeit und Kreativität auf die Suche nach den genannten Anlässen und Anknüpfungspunkten, um immer wieder auf ihre Bekannten zugehen zu können. Sie pflegen ihre Kontakte ganz bewusst, auch wenn ihr Verhalten nie absichtsgeleitet erscheint. Voraussetzung sind Neugier und Begeisterungsfähigkeit: Gute Networker interessieren sich aufrichtig für die Menschen, denen sie begegnen. Sie lesen aufmerksam den Flyer, den sie erhalten haben, schauen sich die Internet-Seite an oder suchen aktiv bei Google oder in XING, um mehr über einen neuen Bekannten zu erfahren. Sie berichten in ihrem bestehenden Netzwerk über den neuen Kontakt und entdecken auf diese Weise nicht selten, dass es gemeinsame Bekannte gibt, die ihnen zusätzliche Informationen geben und Aufhänger für Gespräche mit dem neuen Bekannten liefern können.

Gut zu wissen

Was gute Networker ausmacht

Im Gespräch mit wirklich erfolgreichen Networkern bin ich immer wieder überrascht, wie herzlich und uneigennützig sie Kontakte pflegen. Was sie besonders auszeichnet, ist ihre innere Einstellung: Sie haben die Erfahrung gemacht, dass die unterschiedlichsten Menschen ihnen immer wieder entscheidend weitergeholfen haben, und sie wissen, dass diese Unterstützung wesentlich zu ihrem beruflichen Erfolg beigetragen hat. Deshalb vertrauen sie darauf, dass ihre Investition in die Pflege verschiedenster Kontakte „ganz von alleine" Früchte tragen wird. Zudem spielt auch der Wunsch eine Rolle, das, was sie von anderen erhalten haben, wenigstens zu einem Teil zurückzugeben. Es handelt sich sozusagen um eine positive Feedbackschleife, die sich immer weiter verstärkt. Setzen Sie diese in Gang, indem Sie anderen einen Vertrauensvorschuss einräumen!

Gute Networker sind sich aber auch bewusst darüber, dass Networking Arbeit ist, dass sie dafür Zeit brauchen und Energie. Und sie sind bereit, diese Arbeit auf sich zu nehmen. Das heißt nicht, dass sie jeden beliebigen Kontakt weiterverfolgen, aber ihr Bestreben ist es, jedem, dem sie begegnen, jederzeit wieder „in die Augen schauen" zu können. Erinnern Sie sich an die Übung im Abschnitt „Sie haben schon ein Netzwerk!", mit der Sie Ihr persönliches Netzwerk visualisiert haben (siehe Seite 40 f.)? Die wichtigste Einsicht, welche die meisten Menschen dabei gewinnen, ist, dass sehr viele interessante und vielversprechende Kontakte aus Bequemlichkeit und Zeitmangel abgerissen sind und erst mühsam reaktiviert werden müssten. Wenn Sie Ihr Netzwerk ausbauen wollen, müssen Sie also der

Pflege von Beziehungen eine höhere Priorität geben, und das heißt vor allem: mehr Zeit und Energie aufwenden für Begegnungen, Telefonate und E-Mails sowie für die Suche nach geeigneten Gesprächsthemen, Anlässen und Anknüpfungspunkten.

Im Gespräch

Dr. Hans-Jürgen Croissant (43) ist seit Herbst 2005 Managing-Partner der PR-Agentur Pleon. Zuvor war er in leitenden Positionen bei Hubert Burda Media, als Partner der Unternehmensberatung Accenture sowie als Pressesprecher und Mitglied der Geschäftsleitung von Microsoft Deutschland tätig. Ich kenne ihn seit vielen Jahren als begnadeten Networker.

Dir gelingt es immer wieder, selbst beim ersten Kontakt, auf Anhieb eine herzliche Gesprächsatmosphäre herzustellen. Wie schaffst du das?
Du brauchst immer einen Icebreaker! Das ist übrigens etwas, was ich von Hubert Burda gelernt habe. Er schafft es immer wieder, Menschen damit zu überraschen, dass er Dinge über sie weiß, wie den Namen der Kinder, Lieblingsaktivitäten. Daher versuche ich mich vorab zu informieren, wenn ich Erstkontakte treffe. Es gibt ja nichts Einfacheres als eine Abfrage im Internet. Ich sehe das an mir selbst: Wie ich mich geschmeichelt fühle, wenn jemand zu einem Bewerbungsgespräch kommt und schon etwas über mich weiß, zum Beispiel dass ich gerne Mountainbike fahre oder leidenschaftlich gerne amerikanische Krimis lese. Eine Agentur hat mich damit überrascht, dass sie mir einen Reiseführer zur Alpenüberquerung mit dem Fahrrad geschenkt hat. Sie hatten herausgefunden, dass ich das irgendwann mal machen möchte. Ich habe mich riesig gefreut.

Wenn das erste Eis gebrochen ist, worauf kommt es dann an?
Irgendetwas zu finden, was mein Gesprächspartner und ich gemeinsam haben. Als ich das erste Mal bei Microsoft war, bin ich einem Mitarbeiter begegnet und habe zufällig in seinem Geldbeutel ein Bild von einem Ferienhaus gesehen. Es stellte sich heraus, dass er ein Haus auf Kreta hat, wo ich auch sehr gerne hinfahre. Aus dieser Gemeinsamkeit hat sich schnell eine Freundschaft entwickelt. Inzwischen war ich schon x-mal dort bei ihm zu Besuch.

Ist Networking eine Verkaufstechnik?
Ich versuche immer, Interaktion über das Geschäftliche hinauszuheben. Das Berufliche ist doch nur ein Teil der gesamten Identität, ein Winkel aus der gesamten

360-Grad-Sicht. Networking darf nicht zu absichtsgetrieben daherkommen. Einige Male habe ich in einem früheren Job wider besseres Wissen und gegen innere Widerstände einen umsatzverantwortlichen Verkäufer zu meinen Kontakten mitgenommen. Bei diesen wenigen Treffen habe ich viel kaputt gemacht in meinen Beziehungen, weil das Essen sehr schnell zu einem Verkaufspitch umgemodelt wurde. Danach kamen meine Kontakte auf mich zu und fragten: „Was war denn das? Wolltet ihr uns was verkaufen? Wenn ja, dann habt ihr das gerade voll gegen die Wand gefahren." Wenn Networking zu einem reinen Verkaufsgespräch verkommt, dann ist es nicht mehr das, was ich unter Networking verstehe.

Wie schafft man es, aus Kontakten Beziehungen zu machen?
Networking heißt auf andere zugehen und Kontakte pflegen. Und du musst zu dem Gespräch etwas mitbringen: eine interessante Information, Sympathie, Solidarität. Das ist nicht nur kommunikatives Freizeitvergnügen, sondern kostet oft viel Energie. Auch Kreativität ist wichtig: Ich jogge fast jeden Tag, dabei kommen mir die besten Ideen. Ich habe mir extra einen Block ins Auto gelegt, damit ich keinen Einfall vergesse. Heute habe ich jemanden angerufen, den ich zehn Jahre lang nicht gesehen hatte. Die Idee und der Aufhänger sind mir heute Morgen beim Joggen gekommen.

Wie wichtig ist Systematik beim Netzwerken?
Gerade für derartige Fälle – jemanden seit zehn Jahren nicht einmal gesehen zu haben – ist es natürlich wichtig, dass man die Kontaktdaten à jour hält. Systematik spielt deshalb beim Networking eine große Rolle. Immer wenn ich zum Beispiel durch Zufall herausfinde, wann jemand Geburtstag hat, notiere ich mir das gleich in meinem PDA. Am Geburtstag schicke ich dann eine SMS oder rufe an. Eine solche SMS hat mir schon mal einen Job eingebracht: Ein halbes Jahr nach der Geburtstags-SMS an einen früheren Kollegen war ich Partner bei Accenture.

Wie findest du Anlässe, immer wieder Kontakt aufzunehmen?
Ich lese sämtliche einschlägigen Branchendienste und schaue nach Leuten, die ich kenne. Wann immer jemand befördert wird, gratuliere ich grundsätzlich. Wichtig ist aber auch, dass du netzwerkst, wenn es anderen schlecht geht. Gerade in der heutigen Zeit gehören Themen wie Arbeitslosigkeit, Scheidung usw. dazu. Ich bilde mir etwas darauf ein, dass ich mich auch in solchen Momenten melde! So etwas festigt eine Beziehung ungemein. Es gibt so viele Anlässe, wo dich mal jemand braucht.

Kontakte priorisieren

Sie haben sich entschieden, mehr Zeit für die bewusste Pflege von Kontakten zu investieren. Wie Sie die zusätzliche Zeit verwenden und ob Ihr Netzwerk eher in die Breite oder in die Tiefe wachsen soll, das bestimmen Sie selbst – je nachdem wie wählerisch Sie bei neuen Kontakten sind. Viele Networker gehen alle ihre Kontakte regelmäßig (zum Beispiel ein- bis zweimal jährlich) durch, um den Überblick zu behalten. Wichtig ist eine Priorisierung vor allem im geschäftlichen Bereich, wo Sie oft mit zehn bis 20 Prozent Ihrer Kontakte 80 Prozent des Umsatzes erzielen und kleinere Kunden häufig nicht kostendeckend persönlich betreuen können. Im Folgenden werden die üblicherweise benutzten Kategorien A, B, C und D anhand von Beispielen erläutert:

- Am betreuungsintensivsten sind die so genannten A-Kontakte. Dazu gehören wichtige vorhandene und potentielle Kunden, Multiplikatoren sowie Kooperationspartner. Ziel der Priorisierung ist es, dass alle A-Kontakte auch wirklich gepflegt werden, denn auf diese sollten etwa 80 Prozent der Zeit entfallen, die Sie für Kontaktpflege aufbringen können. Sie legen fest, wie häufig Sie die „As" kontaktieren: Zum Beispiel können Sie sich vornehmen, spätestens jeweils nach drei Monaten einen Kontakt wieder aufzufrischen. Bei manchen professionellen Kontaktverwaltungsprogrammen können Sie jeden Kontakt dokumentieren und sich benachrichtigen lassen, wenn die maximale Zeitspanne überschritten wird. Wahrscheinlich haben sich in einer so langen Zeit bereits mehrere – geschäftliche oder private – Aufhänger für ein Gespräch ergeben und Sie hatten nur keine Zeit, sofort anzurufen. Jetzt sollten Sie das auf jeden Fall nachholen!

- Ebenfalls von Bedeutung, aber nicht ganz so betreuungsintensiv, sind die B-Kontakte. Es handelt sich beispielsweise um Kunden, mit denen Sie – auch vom Potential her – weniger Umsatz erzielen und die Sie deshalb in stärker standardisierter Form betreuen, etwa über Mailings. Sie gehen seltener ohne konkreten Anlass von sich aus persönlich auf diese Kontakte zu, zum Beispiel nur ein- bis zweimal jährlich.

- Bei C-Kontakten ist die Zusammenarbeit eher unwahrscheinlich. Sie sind sich nicht sicher, ob Sie eine Beziehung aufbauen wollen, und überlassen die Initiative der anderen Seite. Möglicherweise sammeln Sie die Kontaktdaten, aber Sie gehen nicht aktiv auf den anderen zu.

- D-Kontakte sind solche, die Sie auf keinen Fall vertiefen wollen beziehungsweise sofort löschen oder gar nicht erst erfassen.

Haben Sie keine falschen Gewissensbisse: Es geht bei der Priorisierung nicht darum, Menschen nach ihrer Bedeutung zu sortieren, sondern vor allem um die Kontakthäufigkeit, die Sie für angemessen halten. Solche Entscheidungen müssen Sie immer wieder fällen, zum Beispiel wenn Sie Weihnachtskarten verschicken wollen.

Fällt es Ihnen trotzdem schwer, Ihre Kontakte in eine solche Kategorisierung zu pressen? Dann beschränken Sie sich einfach darauf, eine Liste Ihrer A-Kontakte aufzustellen. Darauf sollten Sie aber nicht verzichten, um zumindest mit Ihren wichtigsten Partnern regelmäßig in Kontakt zu bleiben.

Tipp
Kontakte verwalten in der Praxis

Häufig verwendete Kontaktverwaltungsprogramme wie Outlook erlauben es, mehrere Kategorien pro Kontakt zu vergeben. Wenn Sie diese Funktion konsequent einsetzen, können Sie Kontakte mit Kategorien wie „Kunde", „Lieferant", „Privat", „A-Kontakt", „Geburtstagskarte" usw. versehen und sich jederzeit entsprechende Listen erstellen lassen (durch Definieren einer entsprechend gefilterten „Ansicht").

Die geeignete Technik erleichtert die Kontaktverwaltung

Um Kontakte erfolgreich pflegen zu können, benötigen Sie nicht nur ausreichend Zeit, sondern auch aktuelle Informationen – und damit sind mehr als nur Adressen und Telefonnummern gemeint: Notizen mit Informationen zur Person, zu Gesprächsthemen und Anknüpfungspunkten müssen ebenfalls verfügbar sein. Da aktive Networker häufig nicht am Arbeitsplatz sind, sondern unterwegs in Meetings oder auf Reisen, sollten diese Daten mobil zur Verfügung stehen, wann und wo immer gerade Zeit für einen An- beziehungsweise Rückruf ist. Deshalb legen erfolgreiche Networker im Allgemeinen viel Wert auf eine gut funktionierende Kontaktverwaltung.

Dass der Papierkalender nur noch eine Nebenrolle spielt, ist nicht weiter überraschend: Der Raum für Eintragungen ist beschränkt, jedes Jahr muss man die Kontakte in einen neuen Kalender übertragen. Und wenn der Kalender verloren geht, stellt dies geradezu eine Katastrophe dar. Deshalb nutzen fast alle aktiven Networker heute ein Kontaktverwaltungsprogramm wie Outlook und synchronisieren die Daten auf ihr Handy oder ihren PDA, wenn sie viel unterwegs sind.

Die Daten lassen sich auf diese Weise nicht nur sehr viel leichter durchsuchen und pflegen, sondern stehen auch immer überall zur Verfügung. Sie können rasch Listen nach bestimmten Kriterien erstellen (zum Beispiel für das Versenden von Weihnachtskarten) oder automatisch Serienbriefe anfertigen.

So gehen Sie bei der Kontaktverwaltung am besten vor

Nicht mehr der Kalender, sondern das Adressfenster des Kontaktverwaltungsprogramms – hier das Beispiel eines Outlook-Kontakts – ist heutzutage also das hauptsächliche Arbeitsinstrument beim Networking:

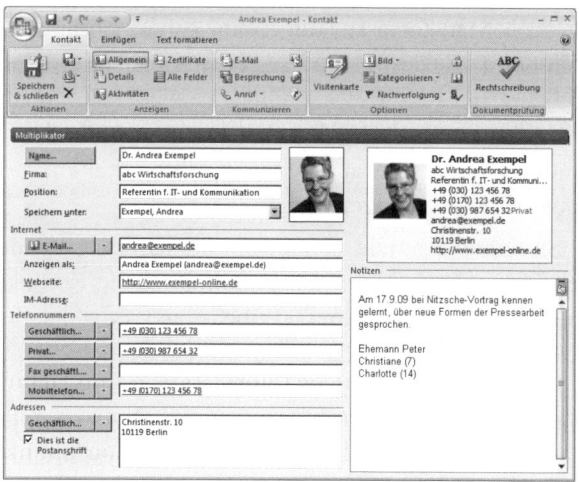

Beispiel für ein ausgefülltes Kontaktfenster im Programm Outlook

- Hier erfassen Sie im Anschluss an eine Networking-Veranstaltung die Daten von den erhaltenen Visitenkarten samt Ihren Notizen und Erinnerungen.

- Wenn Sie jemanden besuchen, sollten Sie sich zur Vorbereitung den Inhalt des betreffenden Kontaktfensters ausdrucken. Sie können den Ausdruck für Notizen verwenden, die Sie nach der Rückkehr in Ihr Programm übertragen.

- Wenn Sie jemanden anrufen, öffnen Sie vorher das Kontaktfenster. Wenn Sie angerufen werden, suchen Sie den Kontakt in Ihrem Programm oder legen einen neuen Datensatz an, wenn der Anrufer noch nicht erfasst ist. Während des Telefonierens können Sie das Kontaktfenster schrittweise ausfüllen und Notizen direkt in das Notizfeld eintragen.

- Wenn Ihr Gesprächspartner in einer Internet-Netzwerkplattform wie XING gelistet ist, können Sie dort direkt die mit Outlook kompatible „vCard" (elektronische Visitenkarte) laden, die bereits mit allen für Sie freigegebenen Kontaktdaten ausgefüllt ist, einschließlich einer Notiz, wann Sie die Visitenkarte exportiert haben.

- Wenn beim Speichern der vCard das Foto des Kontakts nicht übernommen wird, können Sie es manuell speichern und in Outlook einfügen. Klicken Sie auf der Networking-Plattform das Foto mit der rechten Maustaste an, um es auf Ihrem Computer abzulegen. Anschließend klicken Sie auf das Porträtsymbol im Kontaktfenster und wählen den Pfad des zwischengespeicherten Fotos aus, um es in die Karteikarte einzubinden. Ab sofort erscheint das Porträt Ihres Bekannten in jeder E-Mail, die Sie von ihm erhalten, sodass Sie den Absender direkt vor Augen haben.

- Wenn Sie einen Kontakt vor- oder nachbereiten, können Sie ganz einfach Daten aus anderen Programmen in die Kontaktverwaltung übernehmen. Wenn der Kontakt über eine E-Mail zustande kommt, können Sie zum Beispiel die Daten aus der Signatur in das Notizfeld des Kontakts kopieren und auf die einzelnen Felder wie Name, Telefonnummer und E-Mail-Adresse aufteilen. Vor einem persönlichen Treffen kopieren Sie beispielsweise eine Anfahrtsbeschreibung oder andere interessante Informationen aus dem Internet direkt in das Notizfeld.

Achten Sie immer darauf, dass Sie das Kontaktfenster nicht nur als passive Ablagestelle für Informationen benutzen, sondern auch als Fragebogen, den Sie aktiv ausfüllen. Vermerken Sie sich Wissenswertes zur Person, um immer wieder Anknüpfungspunkte für spätere Gespräche zu sammeln:

- Was sind die Besonderheiten des Gesprächspartners, wo liegen seine speziellen Interessen und Fähigkeiten? Beispiel: „Hat zwei Kinder, arbeitet Teilzeit, will jetzt wieder voll einsteigen, will mit Lebenspartner im Umland Haus kaufen."

- Was macht der andere beruflich? Die Positionsbezeichnung auf der Visitenkarte ist in der heutigen Zeit oft wenig hilfreich. Was steckt hinter dem „Vice president" oder dem „Senior Business Development Manager" wirklich? Welche konkreten Aufgaben hat er? Welche Aspekte der Tätigkeit machen ihm am meisten Spaß? Muss er Mitarbeiter führen? Wie lange arbeitet er dort schon? Wenn er mit den heutigen Erfahrungen noch einmal neu anfangen könnte, was würde er tun?

- Wann und wo haben Sie sich kennen gelernt? Was waren die gemeinsamen Interessen, die das Gespräch bestimmten? Welche Anknüpfungspunkte gab es? In welcher Stimmung lief die Unterhaltung? – Schreiben Sie beim ersten Kontakt und gegebenenfalls bei Folgekontakten eine kurze „Kontaktnotiz", zum Beispiel: „17.9.09 bei Nitzsche-Vortrag kennen gelernt, über neue Formen der Pressearbeit gesprochen, ihr Vater war gerade gestorben." Wenn Sie bei jedem längeren Telefonat oder Treffen eine solche kurze Kontaktnotiz erstellen, verfügen Sie über eine lückenlose Kontakthistorie und werden den Gesprächspartner wahrscheinlich gelegentlich mit Ihrem guten Gedächtnis überraschen. Professionelle Kontaktmanagementsysteme vermerken sogar automatisch, wann ein Serienbrief an den Kontakt gesendet wurde, und ordnen mit ihm verbundene Dateien – wie zum Beispiel Angebote und Verträge – sowie ein- und ausgegangene E-Mails zu.

- Wie sind Sie mit dem Gesprächspartner verblieben? Welche Aktionen ergeben sich aus dem Gespräch? Wann wollen Sie sich wieder melden? – Die Hauptsache ist hierbei, das Versprochene einzuhalten und zeitnah umzusetzen. Es ist also wichtig, die entsprechende Aktivität im Terminkalender oder auf der To-Do-Liste einzutragen, wenn sie nicht sofort erledigt werden kann. Ein Vermerk im Kontaktfenster kann ebenfalls nützlich sein.

- Nach manchen Informationen wie Geburtstag und Alter werden Sie sich nicht immer direkt erkundigen wollen. Wenn Sie aber durch Zufall den Geburtstag erfahren, sollten Sie ihn sich auf jeden Fall gleich notieren.[7]
- Falls Sie einen sehr großen Bekanntenkreis haben, kann es sogar notwendig sein, dass Sie sich vermerken, ob Sie jemanden duzen oder siezen.

Verlieren Sie jedoch beim Sammeln von Daten Ihr Ziel nicht aus den Augen: Sie notieren sich bestimmte Informationen, die für Sie subjektiv wichtig sind, um sich später wieder an den Gesprächspartner zu erinnern und direkt an das letzte Gespräch anknüpfen zu können. „Sie sind nicht beim Geheimdienst", so schreibt der Networking-Experte Uwe Scheler.[8] Es geht nicht darum, Dossiers mit möglichst vollständigen Daten anzulegen. Fragen Sie nur nach Informationen, die für Sie notwendig sind. Ich bin sicher: Mit ein wenig Übung wird es für Sie zu einer Selbstverständlichkeit werden, sich nützliche Gesprächsnotizen zu machen, und schon beim Ausfüllen des Kontaktfensters werden Ihre Fragen immer wieder für neuen Gesprächsstoff sorgen. Schon eine einfache Erkundigung wie „Von wo rufen Sie eigentlich an?" kann zur Entdeckung von Gemeinsamkeiten führen: Sie waren schon einmal an diesem Ort, haben dort etwas erlebt, was Sie erzählen können, oder haben dort einen Geschäftspartner usw.

Nutzen Sie die Gesetze des „Viralen Marketing"

In den vergangenen Jahren ist einer breiten Öffentlichkeit bewusst geworden, dass erfolgreiche Ideen und Produkte sich per Mundpropaganda wie ein Virus verbreiten können. Durch das Internet wurde diese Ausbreitungsgeschwindigkeit enorm beschleunigt. Im Buch „Tipping Point" (München 2002) identifiziert der Wissenschaftsjournalist Malcolm Gladwell zwei Faktoren, die dabei eine wichtige Rolle spielen:

---

7 In Outlook gibt es dafür ein eigenes, wenn auch ein wenig verstecktes Feld auf der Registerkarte „Details".
8 Aus: Uwe Scheler: Erfolgsfaktor Networking. München 2005, Seite 66.

1. „Das Gesetz der Wenigen": Nicht alle Menschen haben gleich viel Einfluss und gleich viele Kontakte. Es gibt Power-Netzwerker, die durch ihre große Zahl an Kontakten und ihre enge Verbindung mit anderen Power-Netzwerkern sozusagen das Rückgrat („Backbone") der sozialen Netze darstellen. Durch ihren Kontakt untereinander werden viele kleinere räumlich oder sozial begrenzte Netzwerke miteinander verbunden. Wenn es Ihnen gelingt, einen solchen Power-Netzwerker für sich und Ihre Ideen oder Produkte zu begeistern, so wird sich die Kenntnis darüber sehr viel schneller und breiter verteilen, als wenn Ihr Gegenüber vergleichsweise wenig vernetzt ist. Vielleicht haben Sie von der Theorie der „Six degrees of separation" gehört, den sechs Ecken, über die jeder Mensch mit jedem anderen Menschen auf der Erde bekannt ist.[9] Allerdings handelt es sich bei diesen sechs Ecken um eine Durchschnittszahl: Mal sind mehr, mal weniger Zwischenglieder notwendig, um die Verbindung herzustellen. In der Mitte einer solchen Kette stehen fast immer Power-Netzwerker, die durch ihre Verbindung untereinander große räumliche oder soziale Distanzen überbrücken können. Aus wie vielen „Trennungsgraden" eine solche Kontaktkette insgesamt besteht, hängt von der Zahl der Ecken ab, welche die am Rand stehenden Personen von dem nächsten Power-Netzwerker trennen.

2. „Die Verankerung": Der zweite wichtige Faktor ist die Verankerung in den Köpfen Ihrer Gesprächspartner. Die Energie und Kreativität, die Sie investieren, damit Ihre Botschaft einprägsam ist und gut erinnert wird, zahlt sich beim Networking sehr bald aus. Was nützt ein Gespräch, wenn der andere Sie und Ihr Anliegen schnell wieder vergisst? Wenn er zwar weiß, dass Sie einen neuen Job suchen, aber nicht wiedergeben kann, was Sie beruflich tun? Machen Sie deshalb Ihre Botschaft unvergesslich. Präsentieren Sie sie so interessant, dass sie dem anderen bei den wichtigen Gelegenheiten einfällt, er sie gerne als Gesprächsstoff einsetzt und sich Ihre Begeisterung entlang der Kontaktkette überträgt, wie die olympische Fackel, die von einem Läufer zum nächsten weitergegeben wird.

---

9 Dargestellt zum Beispiel in: Ducan J. Watts: Six Degrees: The Science of a Connected Age. New York 2005.

Klingt das zu theoretisch? Die beiden geschilderten Faktoren lassen sich unmittelbar in die Praxis umsetzen – zum Beispiel wenn Sie eine größere Wohnung mieten und bei der Suche danach auch Ihr Netzwerk einsetzen wollen. Nennen Sie dann nicht einfach nur Zimmerzahl und Quadratmeter, sondern verpacken Sie Ihr Anliegen in eine sympathische Geschichte, etwa dass Sie Ihren beiden Kindern getrennte Zimmer versprochen haben und nun alles daran setzen wollen, ihnen diesen Wunsch zu erfüllen. Bitten Sie darum weiterzuerzählen, dass Sie den erfolgreichen Vermittler und diejenigen, die den Kontakt zu ihm hergestellt haben, zu einem Abendessen in ein Restaurant einladen werden. Überreichen Sie als Erinnerungshilfe eine kleine Karte mit Ihren Kontaktdaten, Ihren Suchkriterien und einem symbolischen Restaurant-Gutschein. Variieren Sie diese Ideen je nach tatsächlichem Anlass und nach Ihrem Naturell und Sie werden eine wesentlich bessere Verankerung erreichen.

Wenn das Gespräch darauf kommt, können Sie jedem Bekannten und auch Fremden Ihre Geschichte erzählen. Zusätzlich sollten Sie aber gezielt auf die Power-Netzwerker in Ihrem Bekanntenkreis zugehen oder auf diejenigen, die einen solchen Power-Netzwerker kennen. In Bezug auf die Wohnungssuche sind natürlich vor allem Leute interessant, die frühzeitig von Neuvermietungen erfahren: Das sind nicht nur Makler, sondern auch Mitarbeiter von Immobilienverwaltungen, Hausmeister, Handwerker, neugierige Nachbarn usw. Wenn Sie wollen, können Sie sich eine Mindmap mit solchen Kategorien aufstellen, konkrete Namen dazuschreiben und gezielt auf diese Leute zugehen. Erkundigen Sie sich auch bei anderen Kontakten, welche derartigen Multiplikatoren sie kennen und ob sie bereit wären, bei ihnen nachzufragen. Von alleine käme Ihr Gesprächspartner gar nicht auf die Idee, bei seiner Hausverwaltung anzurufen, oft braucht es aber nur einen kleinen Anstoß und er tut dies gerne für Sie. Auf diese Weise erreichen Sie nicht nur auf kürzestem Weg die entscheidenden Leute, sondern erhalten zugleich eine persönliche Empfehlung durch Ihre Bekannten, die Sie als verlässlichen Mieter kennen.

5. Welche Arten von Networking gibt es?

Sie haben in den vorherigen Kapiteln die Voraussetzungen für erfolgreiches Networking kennen gelernt. Jetzt geht es darum, Ihr Wissen umzusetzen. In diesem Kapitel erfahren Sie, wie sich das Networking in den letzten Jahren verändert hat und welche Arten von Netzwerken es heute gibt. Wählen Sie aus der Vielfalt der Möglichkeiten diejenigen aus, die am besten zu Ihnen passen.

Networking kann heutzutage auf vielerlei Arten betrieben werden, ob nun klassisch in reinen Berufsverbänden oder elitären Clubs, virtuell in der Welt des Internet, in kleineren informellen Gruppen oder in einer Kombination aus verschiedenen Formen. Galten früher die so genannten Old-Boy-Netzwerke als Standard, haben sich inzwischen die Möglichkeiten, wie man sich mit anderen zum Zweck der gegenseitigen Förderung zusammenschließen kann, deutlich erweitert.

Wie sich neue Formen des Networking entwickelt haben

Zur Veränderung des Networking beigetragen hat vor allem die Verbreitung des Internet. Kein Wunder, denn schließlich hat sich das World Wide Web in erster Linie entwickelt, weil das Bedürfnis in der Wissenschaft wuchs, Informationen und Erkenntnisse auch über große Distanzen und sehr zeitnah auszutauschen; dabei sind im Laufe der Zeit unterschiedlichste Kommunikationsformen entstanden, angefangen bei Chatrooms und Diskussionsforen über Instant Messenger und Videokonferenzen bis hin zu den heutigen Social-Networking-Plattformen. Von Anfang an spielten dabei jedoch immer reale Treffen eine Rolle, falls die Möglichkeit hierfür bestand. Das Internet wurde zur Koordination der Begegnungen genutzt. Einen der wichtigsten Impulse setzte dabei der „First Tuesday", der erstmals im Oktober 1998 in London stattfand. Dabei handelte es sich um eine Kontaktbörse für Unternehmensgründer im Bereich Internet und neue Medien sowie für interessierte Finanziers, die jeden ersten Dienstag im Monat abgehalten wurde. Die Grundidee, die hinter diesen Treffen stand, nämlich eine schnelle und direkte Kontaktaufnahme zu ermöglichen, die gesamte Organisation der Veranstaltung und die Verwaltung der Teilnehmer jedoch per Internet zu erledigen, wurde in der Folge professionalisiert und weltweit angewendet. Wie ein Lauffeuer breitete sich diese Form des Networking aus. In den Hochzeiten der New Economy trafen sich jeden ersten Dienstag im Monat in vielen Städten auf der ganzen Welt Risikokapitalgeber, Gründer und Berater, um voneinander zu profitieren.

Auch wenn der First Tuesday längst Geschichte ist: Die Möglichkeit, mit Hilfe des Internet in kürzester Zeit schlagkräftige Netzwerke aufzubauen, große Veranstaltungen auch über räumliche Grenzen hinweg zu organisieren und Mitgliedern Dienstleistungen, wie zum Beispiel aktuelle

Brancheninformationen und ein Forum zum Austausch, anzubieten, hat das Networking nachhaltig verändert. Wozu früher arbeitsteilige Organisationen mit Geschäftsstellen, Sekretariat und einem nicht unerheblichen Budget notwendig waren, können heute Einzelne mit einer zündenden Idee und technischem Verständnis realisieren.

Auf diese Weise ist das Networking in den letzten Jahren demokratischer und abwechslungsreicher geworden. Koordiniert über das Internet treffen sich Interessierte zum Businessfrühstück, zum gemeinsamen Mittagessen und zum Cross-Table-Dinner – oder ganz klassisch bei Vorträgen mit anschließendem Stehempfang. Die Mitglieder können sich vorab über das Internet informieren und verabreden, lernen sich persönlich kennen und können mit Unterstützung des Internet anschließend bequem Kontakte vertiefen und ausbauen. Inzwischen nutzen zunehmend auch klassische Berufsverbände diese Möglichkeiten.

Netzwerke im Überblick

Im Folgenden erfahren Sie mehr über bekannte und weniger bekannte Formen von Networking. Anhand einzelner Beispiele werden Zusammenschlüsse mit unterschiedlichen Ansprüchen, Zielgruppen und Organisationsformen vorgestellt. Interviews mit Netzwerkern vervollständigen die Einblicke in die Praxis. Die hier aufgenommenen Beiträge von Mitgliedern verschiedener Netzwerke geben deren Meinung wieder und beziehen sich auf deren Erfahrungen innerhalb einer bestimmten Regionalgruppe oder eines gewissen Zeitfensters, schildern also subjektive Eindrücke. Das heißt, dass die Erfahrungen mit dem jeweiligen Netzwerk sich entsprechend unterschiedlich gestalten können, da sie stark von der aktuellen Mitgliederzusammensetzung vor Ort abhängen.

Als Einstieg stellen wir Ihnen Trends vor, die sich im Sande verlaufen haben, aus denen aber zum Teil neue Ideen entstanden sind. Und wagen schon am Anfang der Netzwerkvorstellungen einen Blick darauf, was sich in der Zwischenzeit getan hat und in welche Richtung sich Networking wohl weiterentwickeln wird. Wie Netzwerk-Plattformen arbeiten und was sie zu bieten haben, erfahren Sie danach am Beispiel von XING.

Anschließend informieren wir Sie über Zusammenschlüsse, die hauptsächlich auf berufliche Kontakte und Ziele hinarbeiten, sowie über Veranstaltungen innerhalb von Branchen, wie zum Beispiel Messen.

Darauf folgen Netzwerke, die sich darüber hinausgehende Anliegen auf die Fahne geschrieben haben, wie etwa Frauennetzwerke, die die Situation von weiblichen Selbständigen und Angestellten in der Wirtschaft und von Frauen in der Gesellschaft allgemein verbessern wollen. Oder Netzwerke für Schwule und Lesben, die neben der gegenseitigen Unterstützung im Berufsleben die Wahrnehmung im Alltag und die Gleichberechtigung in allen gesellschaftlichen Bereichen anstreben.

Als weitere Form, um in einer Gruppe erfolgreich berufliche wie private Ziele umzusetzen, wird die Methode der Erfolgsteams, die auf Barbara Sher zurückgeht, vorgestellt. Auch die Toastmasters International finden in diesem Buch einen Platz. Bei ihnen handelt es sich um einen weltweit verbreiteten Club, in dem die Mitglieder lernen und üben, frei zu sprechen, um davon in Beruf und Privatleben zu profitieren. Das Besondere an Service- und Alumni-Clubs wird ebenfalls in Kürze erläutert.

Gut zu wissen

Eigenschaften von Netzwerken

Um zunächst einmal eine grobe Einteilung des vielfältigen Angebots zu ermöglichen, finden Sie hier eine Charakterisierung der Netzwerke nach äußeren Merkmalen.

Offen, geschlossen oder exklusiv

- Offene Netzwerke: für fast jeden zugänglich, wenige oder keine Bedingungen für die Aufnahme, niedrige oder keine Mitgliedsgebühren

- Geschlossene Netzwerke: häufig sehr speziell, privat oder von Firmen organisiert und nicht öffentlich zugänglich; Firmen- und Branchennetzwerke für eine bestimmte Gruppe von Menschen

- Exklusive Netzwerke: meist nur Aufnahme durch Empfehlung möglich, hohe Ansprüche an die Mitglieder

Regional oder überregional

- Regionale Netzwerke: geprägt durch lokale Ansiedlung mit einem bestimmten Einzugsbereich

- Überregionale Netzwerke: bundesweite oder internationale Organisation

Informell oder formell

- Informelle Netzwerke: Veranstaltungen finden unregelmäßig und nach Bedarf statt, es gibt keine festen Abläufe oder Regeln, keine Mitgliedschaften und keine Gebühren

- Formelle Netzwerke: in festen Strukturen organisiert, regelmäßige Veranstaltungen unterschiedlicher Art mit festen Abläufen und klaren Regeln

Diese Formen lassen sich nicht immer genau gegeneinander abgrenzen, die Übergänge sind fließend, geben aber dennoch eine Orientierung, um sich zurechtzufinden (Quelle: Monika Scheddin: Erfolgsstrategie Networking. München 2005).

Die einzelnen Formen von Netzwerken – so unterschiedlich sie sind – stehen in diesem Buch gleichwertig nebeneinander, um Ihnen einen Eindruck davon zu vermitteln, auf welch vielfältige Weise Sie netzwerken können, wobei eine vollständige Auflistung der Netzwerke unmöglich ist. Die genannten Fakten, zum Beispiel Mitgliederzahlen und Beiträge, werden sich mit der Zeit verändern, sie sollen Ihnen aber jeweils eine Vorstellung von der Größenordnung vermitteln.

Und nun können Sie aktiv werden: Finden Sie für sich selbst heraus, in welcher Umgebung und mit welchen Menschen Sie in Kontakt treten wollen, um Ihr eigenes Networking zu gestalten – und dies immer unter Berücksichtigung Ihrer Persönlichkeit sowie der Ziele, die Sie sich gesteckt haben.

Tipp
Die wichtigsten Netzwerke

Unter www.jeder-ist-unternehmer.de/netzwerke haben wir die wichtigsten Netzwerke im deutschsprachigen Raum für Sie zusammengestellt – als Ausgangspunkt für Ihre Networking-Entdeckungsreise.

Zunächst sollten Sie für sich klären, welche Ziele Sie mit dem Networking verfolgen. Wollen Sie als Angestellter oder Selbständiger mit Menschen aus Ihrer eigenen Branche zusammentreffen, festgelegte Strukturen vorfinden, die ein gewisses Angebot garantieren, oder eher in lockerer Atmosphäre Menschen auch aus anderen Branchen treffen, um sich auszutauschen? Wer an zwanglosen Stammtischen teilnehmen möchte, sollte aber darauf achten, dass dort jemand aktiv dafür arbeitet, dass das gemeinsame Vorhaben nicht einschläft – oder selbst Organisator werden. Oder haben Sie größere Ziele, wollen Sie sich auch sozial und für die Gesellschaft betätigen, eventuell in elitäre Sphären vorstoßen?

Dies alles ist möglich, es gibt die unterschiedlichsten Netzwerke, die jeweils einen anderen Ansatz bieten, Aufgaben zu übernehmen, Kontakte zu knüpfen und zu vertiefen. Recherchieren Sie im Internet, sprechen Sie mit Bekannten, Verwandten und Freunden über Networking, um letztendlich das für Sie passende Netzwerk zu finden, in dem Sie sich wohlfühlen und Ihre Interessen verfolgen können.

Freestyle: Netzwerken auf ganz eigene Art

Die Idee, dass sich Menschen zu einem gemeinsamen Essen, zum Feiern oder für gemeinsame Aktivitäten treffen, um dabei Geschäftskontakte zu knüpfen und einen Austausch über Branchen hinweg zu pflegen, verbindet das Angenehme mit dem Nützlichen. In Deutschland wird dieser Weg immer häufiger beschritten. Ungezwungen und leicht können erste Kontakte entstehen, die sich nach mehrmaligen Treffen vertiefen – oder auch nicht. Ein weiterer Vorteil besteht darin, dass die Zeit, die man miteinander verbringt, von vornherein begrenzt und überschaubar ist.

Die folgenden Interviews mit bekannten Netzwerk-Experten zeigen, wie sehr sich das Networking in den vergangenen Jahren verändert hat. Dabei kommt immer wieder die Networking-Plattform XING.com zur Sprache: Durch das eingebaute Event-Tool hat sie die Organisation von Veranstaltungen derart vereinfacht, dass dazu heute keine Vereine und ähnliche Organisationen mehr zwingend nötig sind. Vor wenigen Jahren war das noch der Fall, sodass die Mitgliedschaft im Frühstücksclub „Meetingplus" rund 800 Euro pro Jahr und die Mitgliedschaft im „Lunchclub Deutschland" 200 Euro pro Jahr kostete – zusätzlich zu den Kosten für das Mittagessen. Das Angebot an Networking-Veranstaltungen ist breiter und vielfältiger geworden, und Sie können sich spontaner entscheiden, an welchen Veranstaltungen Sie teilnehmen wollen, ohne langfristige Verpflichtungen einzugehen.

Im Gespräch

Joachim Rumohr, 41, veranstaltet gemeinsam mit mir, Andreas Lutz, bundesweit Workshops zum Thema „XING optimal nutzen" und ist Co-Autor des gleichnamigen Buches. Joachim Rumohr war eines der ersten XING-Mitglieder und hat zunächst in Nürnberg, ab 2005 dann in Hamburg eine Vielzahl regionaler XING-Events veranstaltet. Inzwischen nutzen auch viele Firmen sein Know-how bei der Organisation von Networking-Veranstaltungen für eigene Firmenevents.

Viele Networking-Veranstaltungen werden inzwischen über XING organisiert. Woran liegt das?
Die Terminfunktion von XING vereinfacht die organisatorische Durchführung, und die Plattform unterstützt auch das Bewerben dieser Veranstaltungen über Einladungen per E-Mail und Gruppen-Newsletter. Dadurch ist es deutlich einfacher geworden, kleine und große Events zu organisieren und viele Menschen zusammenzubringen.

Im Mittelpunkt stehen die offiziellen Regionalevents, oder?
Ja, XING hat hierzu eigens so genannte Ambassadors ernannt, die die regionalen Events organisieren und quasi als Botschafter von XING in der jeweiligen Stadt auftreten. Im Gegenzug erhalten die Ambassadors Unterstützung bei der Bewerbung der Veranstaltungen. Zu den größten Veranstaltungen kommen 2.000 bis 3.000 Mitglieder – so etwas kann man aber nicht jeden Monat auf die Beine stellen. Daher gibt es auch regelmäßige Events mit unterschiedlichen Konzepten. Je nach Stadt kommen dabei regelmäßig 50 bis mehrere 100 Menschen zusammen. Diese Veranstaltungen spielen eine wichtige Rolle, denn sie ermöglichen es den Mitgliedern, das eigene Netzwerk zu erweitern, neue virtuelle Kontakte auch ganz real kennen zu lernen und regelmäßig persönliche Kontaktpflege zu betreiben. Wer Interesse hat, tritt einfach der entsprechenden offiziellen Gruppe in seiner Stadt bei und erhält automatisch die Einladungen.

Du selbst experimentierst mit verschiedenen Formaten?
Ja, neben den klassischen Networking-Events, bei denen sich die Mitglieder ohne festes Programm treffen, haben wir in Hamburg viele verschiedene Konzepte. Bei einigen nehmen wir die Gäste regelrecht an die Hand und sorgen so dafür, dass neue Kontakte entstehen können. Bei der aus München stammenden Idee des Cross-Table-Dinners wechselt man beispielsweise nach jedem Gang den Tisch. Bei einem Drei-Gänge-Menü und jeweils fünf Tischpartnern lernt man also an einem Abend 15 Leute kennen. Es gibt jedoch auch immer

mal wieder reine Partys, bei denen sich die Mitglieder einfach so zum Spaß treffen und ausgelassen miteinander feiern. Doch die Events werden noch größer: Wir haben in Hamburg gerade angefangen, ein großes Fußballturnier zu organisieren, bei dem 48 Mannschaften antreten, die von XING-Gruppen aus ganz Europa gebildet werden.

Gab es solche Networking-Events nicht auch schon vor XING?
Visitenkartenpartys, Frühstücksnetworking oder Lunchclubs gibt es schon etwas länger als XING. Doch die Bewerbung und damit die Mitgliedergewinnung ist ohne XING um ein Vielfaches schwieriger. Mit der Hamburger XING-Gruppe „XING Live Hamburg" verzeichnen wir teilweise über 1.000 neue Mitglieder pro Monat, denn die Mitgliedschaft ist im XING-Netzwerk nur einen Mausklick entfernt. Eine gute Gruppe mit erfolgreichen Events spricht sich im Netzwerk schnell herum und wird entsprechend weiterempfohlen.
Ferner gibt es mittlerweile tausende von Gruppen auf XING, teilweise von zuvor schon aktiven Netzwerkern gegründet, teilweise völlig neu entstanden. Manche davon haben selbst wiederum tausende von Mitgliedern und eigene Regionalgruppen, die sich regelmäßig treffen. Früher waren ein Verein und eine Geschäftsstelle nötig, um ein solches Vorhaben zu organisieren, heute geht das viel schlanker. Man kann hier sicher von einer Demokratisierung des Networking sprechen.

Welche weiteren Networking-Trends siehst du – auch jenseits von XING?
Ich glaube, dass zunehmend auch große Unternehmen und Organisationen die neuen Möglichkeiten für sich entdecken und bundesweite oder auch regionale Networking-Veranstaltungen für ihre Mitarbeiter und Alumnis abhalten werden. Durch regelmäßige Treffen jenseits der Abteilungsgrenzen kann der Wissensaustausch gefördert werden. Und ein guter Kontakt zu Alumnis kann sich unmittelbar in Aufträgen und dem erfolgreichen Recruiting neuer Mitarbeiter niederschlagen.

Visitenkartenpartys sind ein weiteres Networking-Format, das erst vor wenigen Jahren den Weg aus den USA nach Deutschland gefunden hat und inzwischen durch über XING privat organisierte Veranstaltungen erheblichen Wettbewerb erfahren hat. Über einige Jahre hinweg fanden solche Veranstaltungen im Rahmen eines Business-Event-Konzepts auch in Deutschland statt und sorgten für viel Aufmerksamkeit in der Presse. Dabei trafen sich für einen Abend Menschen, die das gleiche Ziel verfolg-

Was ist ein Empfehlungsclub?

Die Idee der Empfehlungsclubs stammt aus den USA, setzt sich aber auch immer stärker in Deutschland durch. Ziel ist es, dass die Mitglieder auf konkrete qualifizierte Geschäftsempfehlungen zurückgreifen können und selbst Empfehlungen aussprechen. Das heißt, dass die Mitglieder die Geschäftsideen der anderen so gut kennen sollten, dass nicht nur eine Namensnennung möglich ist, sondern eben eine qualifizierte Empfehlung. Daraus sollen neue Aufträge und Kooperationen entstehen.

Oftmals gibt es strenge Aufnahmekriterien; dem Empfehlungsclub vom Unternehmen Flensburg e.V. zum Beispiel können Interessenten nur aufgrund von Referenzen anderer Mitglieder beitreten. Für die Veranstaltungen von Empfehlungsclubs ist eine feste Tagesordnung typisch. Diese Form des Netzwerkens eignet sich vor allem für diejenigen Freiberufler und Selbständigen, die ihren Kundenstamm untereinander teilen und sich in ihrer Region bekannter machen wollen.

ten, nämlich Geschäftskontakte zu knüpfen – ganz unverbindlich und in entspannter Atmosphäre. Die Treffen wurden in unterschiedlichen Varianten durchgeführt, doch eines war ihnen gemeinsam: Die Teilnehmer, zum größten Teil Existenzgründer und Selbständige, trafen sich, um gezielt auf Menschen zugehen zu können, die sie zum Beispiel als potentielle Kunden oder Kooperationspartner interessierten.

Visitenkartenpartys galten als Testmöglichkeit, wie es um die eigenen Netzwerkfähigkeiten bestellt ist. Vielleicht haben Sie auch eigene Erfahrungen damit gemacht?

Yvonne Laage, 32, ist durch die von ihr bundesweit veranstalteten Visitenkartenpartys bekannt geworden. Sie arbeitete als Pressesprecherin, bevor sie sich 2001 mit der Vermittlung von Textern an Unternehmen selbständig machte. Ende 2002 fand ihre erste Visitenkartenparty statt, mehr als 150 Veranstaltungen unter dem Namen visitenkartenparty.biz sowie im Auftrag zum Beispiel von Industrie- und Handelskammern folgten.

Vor einigen Jahren fanden Visitenkartenpartys im Monatstakt in allen großen Städten statt. Das ist heute nicht mehr so. Woran liegt das?
Die regionalen XING-Veranstaltungen waren eine ganz schöne Konkurrenz, nicht nur in Hinblick auf die Teilnehmer, sondern auch beim Finden geeigneter Locations. Ich glaube, dass sie inzwischen aber auch ihren Zenit erreicht haben. Ein weiterer Faktor: Die Visitenkartenpartys sind in den Jahren ab 2001 voll gewesen wegen der damaligen Wirtschaftskrise. Man konnte gar nicht genug Kontakte machen. In den letzten Jahren war es dann so, dass die Leute viel weniger Zeit zum Networking hatten und selektiver vorgehen wollten. Ich denke jedoch, dass durch die derzeit angespannte Wirtschaftslage die Menschen wieder auf das Networking zurückgreifen werden. Besonders in schwierigen Zeiten sind Kontakte wichtig.

Die Zahl der gesammelten Visitenkarten spielt keine so große Rolle mehr?
Ja, der Trend ist eindeutig: Qualität vor Quantität. Nicht mehr Masse, sondern Klasse. Die Leute haben gemerkt, dass es nichts bringt, 200 Visitenkarten zu verteilen. Sie schaffen es ja gar nicht, so viele Kontakte zu pflegen und Beziehungen zu entwickeln – dann aber bringen all die schönen Kontakte nichts.

Warum kommen die Teilnehmer zu Visitenkartenpartys?
Die Motive haben sich geändert. Früher hieß es: Kunden finden, Kunden finden, Kunden finden. Heute geht es viel stärker um das gegenseitige Kennenlernen und den Austausch über alltägliche Sorgen und Probleme. Meine Zielgruppe sind Kleinunternehmer, die oft den ganzen Tag am Rechner sitzen und hier bei uns Gleichgesinnte treffen. Die Zahl der Teilnehmer allein ist nicht entscheidend, sondern ob man ins Gespräch kommt. Dabei spielt die Moderation der Veranstaltung eine wichtige Rolle.

Wie sieht die Zukunft der Visitenkartenpartys aus?
Es gab einen großen und viele kleine Wettbewerber, die nach und nach aufgegeben haben. Ich werde weiterhin Partys organisieren. Visitenkartenparty.biz ist ein Markenbegriff, den ich aber mit neuen Inhalten füllen werde. Der Trend geht in Richtung branchenspezifische Events mit einem zielorientierten Mix aus Teilnehmern.

Du hast durch deine Veranstaltungen inzwischen tausende von Netzwerkern kennen gelernt – erfolgreiche und weniger erfolgreiche. Was ist der schlimmste Fehler, den man beim Networking machen kann?
Ganz klar: Unzuverlässigkeit. Man trifft viele Leute, macht Zusagen und hält sie dann nicht ein. So kann man sich beim Networking einen schlechten Ruf erwer-

ben, zum Beispiel, wenn man bei jedem Treffen verspricht: „Wir treffen uns zum Mittagessen", dann aber nie zeigt, dass man sich darum auch bemüht. Dann sich lieber auf weniger Kontakte beschränken, diese regelmäßig informieren, jeden Tag fünf bis sechs Bekannte kontaktieren. Es ist wichtig, Networking in den Alltag einzubauen, es als ganz normalen Teil der Arbeit zu begreifen – nicht als Freizeitvergnügen.

Im Internet unter: www.visitenkartenparty.biz
Gegründet: Oktober 2002 von Yvonne Laage und Arndt Aschenbeck, seit 2003 ist Yvonne Laage alleinige Inhaberin der Firma.
Mitglieder: Mehr als 11.000 Gäste haben bereits an den Visitenkartenpartys teilgenommen.
Kontakt: Visitenkartenparty.biz, kontakt@visitenkartenparty.biz
Der Weg zur Teilnahme: Anmeldung über das Internet bis 36 Stunden vor Veranstaltungsbeginn direkt auf der Homepage; dort kann man sich auch erst einmal unverbindlich mit seinem Profil registrieren.
Finanzieller Aufwand: 15 bis 20 Euro pro Veranstaltung zuzüglich der Kosten für Getränke

Visitenkartenpartys sind häufig als reines Sammeln von Visitenkarten kritisiert worden. Andererseits lassen sich solche offenen Treffen als Spielwiese nutzen, um sich im Networking zu üben. Weil alle Teilnehmer mit dem gleichen Ziel kommen, nämlich neue Kontakte zu machen, herrscht eine offene Gesprächsatmosphäre, in der alle gleichberechtigt sind. Unter anderem Namen und in leicht veränderter Form wird es Visitenkartenpartys deshalb sicherlich weiterhin geben – gerade auch in Krisenzeiten. Allerdings darf man nicht erwarten, eine Visitenkartenparty mit einem Stoß neuer Aufträge zu verlassen.

Im Gespräch

Monika Scheddin lebt und arbeitet in München, sie ist Gründerin und Präsidentin des WOMAN's Business Club, betätigt sich als Seminarveranstalterin und ist Autorin des Buches „Erfolgsstrategie Networking", das einen guten Einblick auch in exklusive Netzwerke gewährt.

Welche Trends sehen Sie bei der Entwicklung des Networking?
Qualität statt Quantität. In den letzten Jahren haben viele Menschen neu zum Networking gefunden und dabei einen typischen Anfängerfehler gemacht: Sie haben mehr auf die Effizienz als auf die Effektivität geachtet, möglichst viele Kontakte geschlossen, statt die richtigen Kontakte zu machen und diese intensiv zu pflegen. Die Folge: Eintritt ins Netzwerk, ein paarmal hingegangen, keine Aufträge kassiert, dann schnell enttäuscht ausgetreten. Halbherzig ein Profil in XING angelegt, auf Top-Angebote gewartet, ohne in irgendeiner Form selbst aktiv zu werden, und über XING geschimpft. Auch die eigentlich gute Idee der Visitenkartenpartys hat nicht funktioniert: Wenn alle nur verkaufen wollen, keiner aber bereit ist zu kaufen, dann passen die Zielgruppen nicht zusammen.

Spielt dabei auch die wirtschaftliche Entwicklung eine Rolle?
Auf jeden Fall: Während des Aufschwungs haben die Leute weniger Zeit und versuchen deshalb, das Angenehme mit dem Nützlichen zu verbinden. Privates und Geschäftliches werden nicht mehr so strikt getrennt. Geschäftspartner werden zu Geschäftsfreunden. Man schart ganz bewusst Leute um sich, die man mag, egal ob man sich nun im Café trifft oder auf dem Golfplatz. Während des Abschwungs haben die Leute zwar mehr Zeit, denken aber oft nur daran, dass sie Abschlüsse erzielen wollen. Dabei gilt immer: Kein Mensch möchte nur wegen seiner Funktion wahrgenommen und angesprochen werden. „Ich möchte als Mensch wertgeschätzt werden und nicht als Beutetier gejagt werden", so hat es der Personalentwickler eines Medienunternehmens formuliert.

Was ist zurzeit Ihre Lieblings-Networking-Veranstaltung?
Zusammen mit Christiane Wolff laden wir alle zwei Monate zum Gute-Leute-Mittagstisch. Acht handverlesene Gäste, ein Tischredner, der von sich und seinen Themen berichtet, keine Presse. Das Ganze in wechselnder Zusammensetzung ohne Mitgliedschaftsgebühr, jeder zahlt sein eigenes Essen. Letzten Monat hatten wir zum Beispiel den Radiologen und Bestseller-Autor Professor Grönemeyer zu Gast (www.gute-leute-mittagstisch.de).

Was motiviert Sie zur Organisation solcher Treffen?
Ich werde häufig gefragt, warum wir uns die Arbeit machen und nichts dafür verlangen. Zum einen pflegen und erweitern wir dadurch natürlich unser eigenes Kontaktnetzwerk. Die Redner schätzen es, dass sie sich auf Augenhöhe unterhalten können. Die Gäste erhalten intellektuelle und seelische Nahrung. Ansonsten gilt auch für das Networking das Pareto-Prinzip: fünf Prozent Macher, 15 Prozent Mitmacher und 80 Prozent Konsumenten. Wenn niemand anderes so eine Veranstaltung macht, dann muss ich es tun.

Welche Tipps haben Sie für andere Macher und Macherinnen?
Organisieren Sie genau das, worauf Sie selber Lust haben (Radtour, Zehnkilo-meterlauf, Ski-Wochenende, Weinprobe). Was Ihnen Freude bereitet. Laden Sie nur einmal ein (keine Erinnerungen). Jede Terminerinnerung macht Ihre Veran-staltung in den Augen der potentiellen Gäste wertloser – und noch viel schlim-mer: Sie gewöhnen sich daran. Menschen möchten das Gefühl von Exklusivität verspüren. Für die Treffen sollte man eine feste Anfangs- und Endzeit festlegen, damit alle wissen, worauf sie sich einlassen, und der geplanten Zeit höchste Priorität schenken. Es muss auch nicht immer ein Essen sein. Das geht sonst gewaltig auf die Hüfte. Warum nicht mal gemeinsam wandern? Wobei das na-türlich früher oder später auch im Café oder Biergarten endet.

Eine der Ideen von Monika Scheddin hat ein anderer Netzwerker, nämlich Boris Klinnert, bereits realisiert: Gemeinsame Wanderungen zum Networ-king nutzen oder kurz „Netwalking". Die gezielte Ansprache von Teilneh-mern und die Koordination geschehen über eine eigene XING-Gruppe.

Im Gespräch

Boris Klinnert (44) ist Geschäftsführer eines Bera-tungsunternehmens (Management Systems 24/7), das sich mit den Themen Kri-senmanagement und Krisenkommunikation speziell in der Chemieindustrie be-schäftigt. Sein Unternehmen bietet einen Kommunikationsnotdienst an, für den Fall, dass zum Beispiel in einem Chemieunternehmen oder in einer Raffinerie nachts etwas explodiert. Er ist Wirtschaftsingenieur, hat Jura studiert und arbeitet mit einer PR-Expertin zusammen.

Wie sind Sie auf die Idee gekommen, „Netwalking" anzubieten?
Ich mache das privat für den Alpenverein, und meine Erfahrungen nutze ich nun eben auch für berufliches Networking. Beim Gehen und Wandern kann man Kontakte knüpfen und vertiefen – und zwar viel besser als bei Seminaren oder Networking-Veranstaltungen. Wir haben dann bei XING eine Gruppe eröffnet. Die Resonanz haut mich um. Wirkt fast so, als hätten wir einen Nerv getroffen.

An wen richtet sich das Angebot?
Das Besondere ist: Wir sind kein Wanderverein. Wir wollen erreichen, dass sich Menschen treffen, die es interessant finden, sich kennen zu lernen. Dafür erstellen

wir Listen. Ein Beispiel: Wenn ich Sie hätte kennen lernen wollen, hätte ich Sie über XING kalt anschreiben müssen. Dabei ist es nicht einfach, den richtigen Ton zu treffen. Wenn ich dagegen weiß, dass Sie sich für eine Veranstaltung mit zehn Leuten anmelden, dann melde ich mich auch an und weiß, dass sich eine halbe Stunde finden wird, um in Ruhe mit Ihnen zu sprechen.

Aber bei Ihrem jetzigen Angebot geht es gar nicht darum, dass sich Leute einfach mal kennen lernen, oder?
Richtig, die Idee hat sich verselbständigt: Weder das reine Kennenlernen noch das Wandern sind Selbstzweck. Die zentrale Idee dahinter ist die geschlossene Liste von Leuten. Wir haben uns entschieden, zunächst Freiberufler und Unternehmer einzuladen. Dann wollen wir Leute mit bestimmter Kundenzielgruppe zusammenbringen, in der Regel aus derselben Region. Auch private Merkmale wie Alter und Geschlecht könnten ein Kriterium bei der Zusammenstellung sein. Bei uns haben es Leute, denen es schwerfällt, Kontakte mit Gleichgesinnten anzubahnen, leicht. Die ersten Veranstaltungen dienen als Promotion für unsere Idee. Ziel ist, dass nicht einer profitiert, sondern jeder Teilnehmer. Für jeden soll mindestens ein interessanter beruflicher Kontakt rauskommen.

Was sind die Vorteile des Wanderns als Networking-Methode?
Man kommt sich nahe, viel näher als in einer anderen Situation. Dabei muss man sich nicht ständig in die Augen schauen, findet in der Landschaft eine Ablenkung, wenn das Gespräch einmal träge wird. Natürlich müssen wir die Touren entsprechend auswählen, dass jeder unterwegs noch genug Puste hat und sich Gelegenheiten ergeben, den Gesprächspartner zu wechseln.

Wird das Angebot für die Teilnehmer kostenlos bleiben, oder wollen Sie dafür etwas verlangen?
Im Moment lege ich nur meine Auslagen um. Wenn es aber andere Tourenleiter gibt, die etwas verlangen wollen, bin ich grundsätzlich offen dafür. Ich stelle jetzt schon fest, dass die Organisation ein ganz schöner Aufwand ist, gerade das Zusammenstellen der Gästelisten erfordert viel Zeit. Ich kann das sicher auf Dauer nicht alleine machen. Aus der Idee soll aber auf jeden Fall keine kommerzielle Geschichte werden.

Wollen Sie die Veranstaltungen für eine solche geschlossene Gruppe wiederholt anbieten?
Für mich macht es wenig Sinn, dieselben Leute regelmäßig einzuladen. Es soll so sein, dass immer wieder neue Kontakte entstehen.

Das Beispiel „Netwalking" zeigt, wie kurz mittlerweile der Weg von einer guten Idee zum Entstehen eines überregionalen Netzwerks ist. Vielleicht organisieren Joachim Rumohr, Yvonne Laage, Monika Scheddin und Boris Klinnert schon wieder ganz andere Events, wenn Sie diese Seiten lesen. Vielleicht haben sich ihre Konzepte aber auch im ganzen deutschsprachigen Raum bis hin in kleinere Städte verbreitet. Das Internet wirkt als Katalysator und verschafft Menschen wie ihnen die Möglichkeit, mit immer wieder neuen Ideen und Anlässen Menschen zusammenzubringen.

Networking-Plattformen im Internet – das Beispiel XING

Der wichtigste Networking-Trend der letzten Jahre war mit Sicherheit die schnelle Verbreitung von „Social-Network"-Plattformen im Internet. Wie solche Web-Angebote funktionieren und welchen Nutzen Sie davon haben, möchte ich Ihnen am Beispiel von XING.com zeigen, die im deutschsprachigen Bereich mit Abstand führende Business-Networking-Plattform. XING wurde im Herbst 2003 von Lars Hinrichs unter dem Namen „openBC" gestartet. Ende 2006 wurde aus der Open Businessclub GmbH dann die XING AG. Inzwischen ist ein großer Prozentsatz der erwerbstätigen Bevölkerung in Deutschland Mitglied in XING: Anfang 2009 lag der Anteil in einer Stadt wie München bereits bei über 20 Prozent. Noch deutlich höher dürfte der Organisationsgrad unter den Selbständigen sein. XING hat Mitglieder in mehr als 160 Ländern, die Oberfläche ist in 16 Sprachen verfügbar.

Gut zu wissen

Networking-Plattformen im Überblick

Judith Meskill, Betreiberin von „thesocialsoftwareweblog", hat vor einigen Jahren die Vielzahl an Networking-Plattformen im Internet in Form der folgenden „Metaliste" kategorisiert. Dabei hat sie die Netzwerke nach ihren Hauptzielen unterschieden. Nicht alle Kategorien haben bis heute überlebt, daher ist diese Liste entsprechend abgewandelt.

- **Business-Networking:** In dieser Kategorie, zu der auch XING gehört, geht es um die gezielte Anbahnung neuer geschäftlicher und die Pflege bestehender Kontakte. In den meisten Ländern haben sich ein oder zwei Plattformen als Marktführer durchgesetzt.

- **Dating:** Damit sind Singlebörsen gemeint. Sie sind nach sexueller Orientierung, Alter, Religionszugehörigkeit und vielen anderen Kriterien differenziert und stellen – wen wundert es? – eine sehr große Teilgruppe der Networking-Plattformen dar.

- **Gemeinsame Interessen:** Die Vielfalt an Netzwerken ist hier ebenso groß wie die Anzahl unterschiedlicher Interessen, die es gibt. Netzwerke, die Schulfreunde zusammenbringen wollen, spielen ebenso eine Rolle wie auf bestimmte Hobbys (Kino) oder Altersgruppen (50 plus) spezialisierte Netzwerke.

- **Haustiere:** Nicht die Besitzer, sondern die Haustiere erhalten hier eine Profilseite, über die sich dann die Besitzer kennen lernen und vernetzen können. Meines Erachtens handelt es sich um eine Variante „gemeinsamer Interessen".

- **Freundschaften:** Hier geht es vor allem darum, persönliche Freundschaften aufrechtzuerhalten und neue Freunde kennen zu lernen. Die Abgrenzung zu den drei zuvor beschriebenen Kategorien ist in der Praxis relativ schwierig, weil es keine klare Grenzlinie gibt zu anderen privaten Netzwerken mit Dating oder gemeinsamen Interessen als Zielsetzung.

- **Persönliche Treffen:** Hierbei ist die Website nur ein Hilfsmittel, um sich zu einem realen Treffen zu verabreden. Vorläufer ist der bereits erwähnte „First Tuesday", an dem sich Mitglieder der Internetbranche einmal im Monat trafen. Er war Vorbild für Visitenkartenpartys, Frühstücks- und Lunch-Clubs sowie viele andere „computergestützte" Netzwerke mit realen Treffen. Inzwischen bieten Business- und andere Networking-Plattformen so ausgereifte Event-Tools, dass es sich um keine eigenständige Kategorie mehr handelt. Auch Sites mit Mobile Social Software, bei denen mobile Geräte als Werkzeug zur Vernetzung die entscheidende Rolle spielen, sind kaum noch zu finden. Hier gilt ebenfalls, dass es sich dabei auf Dauer um eine Funktion handeln dürfte, die von anderen Netzwerken abgedeckt wird.

- **Foto- beziehungsweise Datei-Sharing:** Das Hauptziel dieser Netzwerke war zunächst, Fotos mit anderen zu „teilen", indem die Mitglieder Bilder im Internet zur Verfügung stellen – für die Öffentlichkeit oder für eine geschlossene Gruppe, zum Beispiel Familie, Freunde oder eine Abschlussklasse. Inzwischen gibt es Dienste, mit denen man viele andere Arten von Daten – Texte, Tabellen, Mindmaps, Aufgaben, Notizen usw. – teilen und in gewissen Grenzen auch bearbeiten kann. Das erleichtert die Veröffentlichung von Inhalten und die Zusammenarbeit enorm und dürfte weiter stark an Bedeutung gewinnen.

Das Herzstück heutiger Networking-Plattformen sind die Profile, mit denen sich die Mitglieder präsentieren und die bei der Registrierung ausgefüllt werden. Anschließend kann das Mitglied sofort von anderen Nutzern gefunden werden. Mächtige Suchfunktionen erlauben es, aus den oft Millionen von Profilen Listen derjenigen Menschen zu erstellen, die ganz bestimmten Kriterien entsprechen. Das können zum Beispiel gemeinsame Interessen sein, die regionale Nähe oder, dass ein anderer aktuell online ist.

Mit Hilfe solcher Suchergebnislisten kann man die entsprechenden Profile der Reihe nach anschauen und gezielt mit interessanten Personen Kontakt aufnehmen. Die Angaben, die die betreffende Person eingestellt hat, liefern ausreichend Gesprächsaufhänger. Bei manchen Plattformen ist das Kontaktieren auch anonym möglich, auf jeden Fall müssen nicht gleich alle Kontaktdaten übermittelt werden. Alles in allem handelt es sich also um eine ausgesprochen unkomplizierte Form der Kontaktaufnahme.

Die Vertiefung des Kontakts erfolgt typischerweise außerhalb des Internet per Telefon oder bei einem persönlichen Treffen. Wenn man sich dann etwas besser kennt, kann die Internet-Plattform wiederum bei der Pflege des Kontakts unterstützen, da man sich hier immer wieder – in der Regel viel häufiger als im realen Leben – „begegnet", zum Beispiel in den Diskussionsforen. Das System bietet unterschiedliche Gelegenheiten, um immer mal wieder mit anderen in Kontakt zu treten. Das geht weit über einen eingebauten Geburtstagskalender hinaus. Die XING-Funktion „Neues aus meinem Netzwerk" zum Beispiel informiert automatisch über Änderungen der Profildaten direkter Kontakte (zum Beispiel Umzug, Beförderung, Arbeitgeberwechsel) und viele andere Ereignisse. Dabei können Sie selbst bestimmen, worüber genau Sie informiert werden und was Sie anderen über sich verraten wollen. Wenn Sie möchten, können Sie eine solche Änderung als Anlass nehmen, um mit der betreffenden Person über das interne Mailsystem auf unaufdringliche Weise Kontakt aufzunehmen.

Das klingt Ihnen alles irgendwie zu abstrakt? Dann lesen Sie im Folgenden die wichtigsten praktischen Punkte zum Umgang mit Networking-Plattformen. XING.com dient hier als Beispiel.

So gewinnen Sie Profil

Wie bei jeder Networking-Plattform müssen Sie auch bei XING zunächst im Rahmen der Registrierung Ihr Profil anlegen. Dafür stehen drei Registerkarten zur Verfügung.

- Ihre Businessdaten mit Informationen zur Person, Berufserfahrung und Ausbildung sowie Ihre in Abhängigkeit vom Betrachter selektiv angezeigten Kontaktdaten
- Die frei gestaltbare „Über-mich"-Seite
- Das optionale Gästebuch

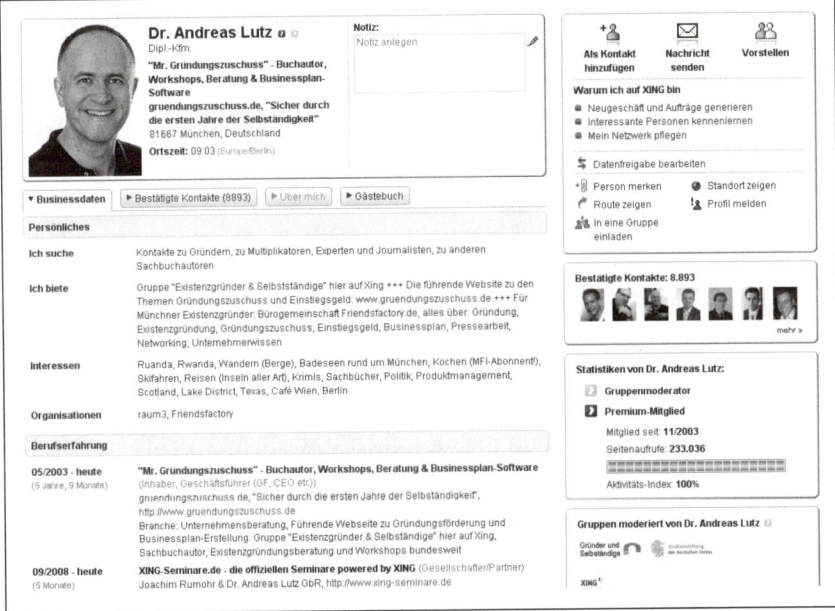

Der erste und zugleich wichtigste Tipp für die Registrierung bei virtuellen Networking-Plattformen: Laden Sie auf jeden Fall ein qualitativ hochwertiges Foto hoch, denn dadurch erhöht sich die Chance, dass Ihr Profil angeklickt wird, um 50 Prozent! Geben Sie sich auch besondere Mühe, wenn es um die Angaben zu Firma, Position und Branche geht. Der Aufwand lohnt sich, weil diese für die XING-interne Suche verwendet werden. Sie bestimmen also, wie häufig und von wem Sie gefunden werden und wie ansprechend Ihr Eintrag in der Suchergebnisliste aussieht. Und das wiederum beeinflusst natürlich Anzahl und Qualität der Kontaktaufnahmen.

Übrigens wird Ihr XING-Profil auch über Google leicht gefunden (außer Sie haben das über die Einstellungen zur Privatsphäre ausgeschlossen). Das können Sie testen, indem Sie mit dieser Suchmaschine nach Namen von Leuten suchen, die bereits ein Profil angelegt haben.

Wie häufig Ihr Profil angeklickt wird, können Sie sich von XING wöchentlich per E-Mail melden lassen, wenn Sie im Start-Bereich unter „Einstellungen"/„Benachrichtigungen" den XING-Newsletter abonnieren. Mit Hilfe der Tipps, die Sie im Folgenden erhalten, können Sie die Zahl der Klicks auf Ihr Profil Schritt für Schritt steigern.

Füllen Sie die Profilseite vollständig aus und geben Sie ruhig viele Details an, denn dadurch liefern Sie Anknüpfungspunkte für eine erste Kontaktaufnahme. Formulieren Sie so, dass Sie interessant und sympathisch wirken. Natürlich möchte jeder ernstgenommen werden, trotzdem sollten Sie nicht zu dick auftragen. Zeigen Sie sich besser von Ihrer menschlichen Seite. Ungewöhnliche Details machen zusätzlich neugierig auf Sie.

Gut zu wissen

Achten Sie auf die Schreibweisen

Jede durch Kommata getrennte Wortfolge, die Sie in das Profil eingeben, wird automatisch als eigener Link dargestellt, zum Beispiel in meinem Profil „HVB" und „Hypovereinsbank" unter „vorherige Firmen". Beim Anklicken wird ein Suchvorgang nach ebendieser Wortfolge ausgelöst und nach anderen Profilen gesucht, in denen „HVB" oder „Hypovereinsbank" unter „vorherige Firmen" eingetragen ist. Wenn es zum Beispiel verschiedene Schreibweisen in Bezug auf eine Organisation gibt (etwa abgekürzt oder ausgeschrieben), finden Sie am besten zunächst heraus, welche sich bei XING durchgesetzt hat. So erhöhen Sie die Zahl Ihrer Treffer.

Die gezielte Suche nach Gesprächspartnern

Das Herzstück von XING sind die vielfältigen Suchfunktionen, mit denen Sie ganz gezielt Gesprächspartner ausfindig machen können:

- Wenn Sie auf einer beliebigen XING-Seite das Suchfeld rechts oben verwenden, starten Sie damit eine Stichwortsuche nach dem eingegebenen Begriff. Das gesamte Profil wird durchsucht, Sie erhalten also auch dann Suchergebnisse, wenn der Suchbegriff nur im Firmennamen, Geburtsnamen oder auf der „Über-mich"-Seite erscheint. Zahlenden Mitgliedern werden hier und bei der erweiterten Suche maximal 300 Suchergebnisse angezeigt, Basismitgliedern maximal 200. Häufig werden Sie also viel zu viele Ergebnisse erhalten, um diese durchzublättern, und die Suche weiter einschränken wollen.

- Mit der „erweiterten Suche" (Menüpunkt „Suche") können Sie gezielt nach allen relevanten Feldern recherchieren und mehrere Feldsuchen kombinieren. So können Sie sich zum Beispiel alle neuen Mitglieder in Ihrem PLZ-Bereich oder in Ihrer Branche anzeigen lassen. Die Suche lässt sich auch auf Kontakte ersten oder zweiten Grades beschränken, die Sie direkt oder über gemeinsame Bekannte ansprechen können (mehr dazu im folgenden Abschnitt). Falls Sie Mitglied in einer oder mehreren Gruppen sind, können Sie Ihre Suche zudem auf Mitglieder dieser Gruppen beschränken, also auf Menschen mit ähnlichen Interessen.

- Wird eine Trefferliste angezeigt, können Sie mit dem Button „Suchagenten zu dieser Suche einrichten" die Suche speichern. Der Suchagent informiert Sie dann per E-Mail wahlweise täglich oder wöchentlich über neue Suchergebnisse, zum Beispiel über alle neuen Mitglieder aus Ihrer Branche und in Ihrem PLZ-Bereich während der letzten Woche. Die gespeicherten Recherchen werden auf der Karteikarte „Ihre Suchergebnisse" verwaltet. Das ist ein sehr leistungsstarkes Tool, mit dem Sie gezielt für Sie relevante neue Kontakte finden können.

- Unter dem Untermenüpunkt „Powersuche" finden Sie vorgefertigte Suchabfragen. Die beliebteste ist sicher diejenige, mit der Sie die Besucher Ihrer Profilseite während der letzten sieben Tage abfragen können. Sie können aber auch erfahren, wer auf Ihrem Profil den

Link zur Ihrer Firmen-Homepage angeklickt hat. Finden Sie mit Hilfe der Powersuche heraus, welche derzeitigen und ehemaligen Kollegen auch bei XING sind oder mit welchen anderen Mitgliedern Sie die meisten Gemeinsamkeiten haben.

Über die Suchfunktionen finden Sie blitzschnell Menschen mit ähnlichen Interessen, aus derselben Branche oder in räumlicher Nähe. Wenn Ihnen ein Profil interessant erscheint, können Sie die Gemeinsamkeiten als Aufhänger benutzen und den Betreffenden direkt mit einer „privaten Nachricht" – also einer kurzen Nachricht über das interne Mailsystem – ansprechen.

So visualisiert XING Ihr Netz aus Kontakten

Ein Netzwerk besteht wissenschaftlich gesehen aus Ecken (Punkten) und Kanten (Linien). Die Ecken sind dabei die Menschen, die sich vernetzen, die Kanten die Beziehungen zwischen ihnen. Die Kanten lassen sich als Verbindungslinien oder Pfeile visualisieren. Für die Definition von Networking ist entscheidend, was eine Beziehung ausmacht, wann also eine Kante gezeichnet werden darf. Unstrittig ist: Es geht darum, dass jeweils beide Beteiligten den Kontakt freiwillig eingehen und aufrechterhalten.

Genauso wird es auch auf XING gehandhabt: Wenn Sie jemanden kennen gelernt haben oder bereits einige Zeit kennen, können Sie das zum Ausdruck bringen, indem Sie diese Person „als Kontakt hinzufügen". Dadurch entsteht zunächst ein einseitiger, unbestätigter Kontakt. Erst wenn der Kontaktpartner die Anfrage bestätigt, wird der Kontakt beidseitig: Der Pfeil zeigt dann in beide Richtungen.

Tipp
Überprüfen Sie den Status

Überprüfen Sie von Zeit zu Zeit Ihre unbestätigten Kontakte und ziehen Sie einen nichtbestätigten Versuch zurück. Vom System werden Sie nicht darüber informiert, falls ein Kontaktpartner Ihren Kontaktwunsch ablehnt oder einen bestehenden Kontakt widerruft.

Die so definierten Beziehungen werden in XING am oberen Ende jedes Profils dargestellt. Es wird angezeigt, ob Sie als Betrachter die jeweilige Person direkt oder mittelbar über einen oder mehrere andere Kontakte kennen.

Meist gibt es nicht nur einen „Weg" zu der betreffenden Person, sondern es bestehen mehrere Kontaktketten. Diese werden nacheinander angezeigt, wenn Sie den Pfeil rechts von der Kontaktkette anklicken (oder aber in Listenform, wenn Sie den Link rechts oberhalb benutzen). Im Beispiel kenne ich Christine Proske, Geschäftsführerin von Ariadne-Buch, also nicht nur mittelbar über Sabrina Tomasi, sondern noch über acht weitere Personen, die ich mir angeben lassen kann. Analog kann man auch bei bereits bestätigten Kontakten überprüfen, welche gemeinsamen Bekannten man hat.

Diese Funktion ist äußerst nützlich, denn Sie können sich auf diese Weise bei den gemeinsamen Bekannten über eine bestimmte Person informieren und gegebenenfalls gezielt empfehlen lassen. Vielleicht fallen die Informationen in Einzelfällen aber auch negativ aus, sodass Sie auf eine Kontaktaufnahme verzichten.

Es sind die „Kontakte der Kontakte", die das eigentliche Potential des Networking ausmachen, und XING hilft Ihnen dabei, es zu erschließen.

Die Zahl Ihrer direkten Kontakte sowie Ihrer Kontakte zweiten Grades werden deshalb prominent auf der Startseite von XING angezeigt. Unter der Adresse www.mynetworkvalue.com können Sie den Wert Ihres Netzwerks in Euro berechnen und mit anderen vergleichen.

Außer andere um die Bestätigung eines Kontakts zu bitten (oder selbst gebeten zu werden), gibt es noch einen zweiten Weg, wie Sie auf XING Kontakte knüpfen können: Wenn Sie jemanden auf die Plattform einladen und er registriert sich, sind Sie automatisch als dessen Kontakt eingetragen. Wie vielen Nutzern Sie Einladungen geschickt und wie viele sich daraufhin registriert haben, das erfahren Sie unter „Kontakte"/„Einladungsstatus". Meiner Erfahrung nach führt mittelfristig jede zweite bis dritte Einladung zu einer Registrierung, und jeder Vierte bis Fünfte, der sich registriert, wird sogar Premium-Mitglied.

Eine praktische Funktion, um gezielt die Zahl der eigenen Kontakte zu erhöhen, ist der automatische Adressbuch-Abgleich (ebenfalls im Menü „Kontakte"). Auch bei einer großen Zahl von Adressen kann XING Ihnen innerhalb weniger Minuten auflisten, welche Ihrer in Outlook oder anderen Adressverzeichnissen gespeicherten Kontakte bereits XING-Mitglied sind und welche noch nicht. Erstere können Sie direkt um die Bestätigung des Kontakts bitten, Letztere direkt einladen.

Wie Ihre Daten vor Missbrauch geschützt sind

Bei der Registrierung für XING und ähnliche Netzwerk-Plattformen werden Sie nach einer ganzen Reihe persönlicher Daten gefragt – bis hin zu Geburtstag und Handynummer. Was geschieht mit diesen Angaben? Ihre E-Mail-, Ihre private und geschäftliche Adresse, sämtliche Telefonnummern und Instant-Messaging-Daten sowie Ihr Geburtsdatum werden anderen Nutzern nicht angezeigt, außer Sie geben diese Angaben für einen Nutzer explizit frei. Bei der Freigabe können Sie genau bestimmen, welche Daten der jeweilige Nutzer sehen darf und welche nicht, zum Beispiel Handynummer ja, Geburtstag nein.

Zudem sind die Angaben freiwillig, das heißt, Sie müssen sie noch nicht einmal XING mitteilen – mit einer Ausnahme: Ihre E-Mail-Adresse benötigt das System auf jeden Fall. Sie können sich also mit der Plattform vertraut machen, bevor Sie persönliche Daten eintragen. Sie werden jedoch umso mehr von den Möglichkeiten bei XING profitieren, je offener Sie selbst mit Informationen über Ihre Person umgehen.

Für jeden einzelnen Benutzer bestimmen Sie, welche Kontaktdaten sichtbar sein sollen.

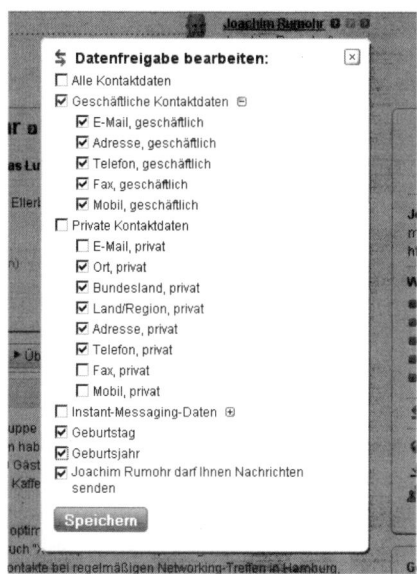

Sie können mit anderen XING-Mitgliedern private Nachrichten austauschen, ohne Ihre E-Mail-Adresse preiszugeben, denn XING verfügt – wie die meisten Networking-Plattformen – über ein internes Mailsystem. Das hat den Vorteil, dass Ihre E-Mail-Adresse nicht für Spam missbraucht werden kann. Wenn Sie sich von jemandem gestört fühlen, können Sie der betreffenden Person im Rahmen der Datenfreigaben die Erlaubnis entziehen, Ihnen private Nachrichten zu senden.

Da die Nutzer in XING nicht unter einem Pseudonym, sondern mit ihrem tatsächlichen Namen auftreten und sogar ihr persönliches Kontaktnetz grafisch abgebildet wird, bleiben sie nicht anonym. Jeder Einzelne entwickelt auf der Internet-Plattform ein persönliches Netzwerk und eine Reputation, die er in der Regel nicht gefährden möchte. Wie lange jemand schon bei XING ist, über wie viele Kontakte er verfügt und wie aktiv er teilnimmt (erkennbar am Aktivitäts-Index), wird deshalb schon auf der Profilseite prominent dargestellt. So lässt sich schnell ein erster Eindruck gewinnen. Zudem können Sie sich bei Bedarf bei gemeinsamen Bekannten über den Betreffenden erkundigen – auch das trägt zur Sicherheit der Plattform bei. Trotzdem ist es natürlich auch hier möglich, dass sich Teilnehmer eine falsche Identität konstruieren. Dieses Problem taucht bei XING jedoch weit seltener auf als in anderen Kontaktnetzwerken.

Vielfältige zusätzliche Einstellungen zum Schutz sind von der XING-Start-seite aus unter „Einstellungen" zugänglich. Dort können Sie auf der Re-gisterkarte „Profileinstellungen" zum Beispiel das Gästebuch, den Aktivi-täts-Index oder bestimmte Gruppenmitgliedschaften unsichtbar machen. Oder Sie bestimmen auf der Registerkarte „Privatsphäre", ob Ihre Artikel in Diskussionsforen auch über Suchmaschinen auffindbar sein sollen und welcher Personenkreis (abhängig vom Grad des Kontakts) Ihre Kontaktlis-te einsehen oder Ihnen private Nachrichten schreiben darf.

Was Ihnen die Gruppen bieten

Neben der gekonnten Selbstdarstellung über das Profil und die gezielte Suche nach interessanten Kontakten eröffnen die Gruppen eine dritte Möglichkeit, um Menschen mit gleichen beruflichen oder privaten Interes-sen, mit derselben regionalen Herkunft oder Ausbildung kennen zu lernen. Die Foren werden zum überwiegenden Teil von den Mitgliedern selbst moderiert – zu allen denkbaren Themen. Besonders zahlreich sind Alum-nigruppen von Hochschulen und Firmen, regionale Gruppen, Berufs- und Branchengruppen sowie Gruppen in den Bereichen „Freizeit und Sport" sowie „Gesellschaft und Soziales".

Auch viele Verbände und Organisationen sowie Firmen haben inzwi-schen bei XING ein Forum für ihre Mitglieder eingerichtet. Außerdem ist – dem Medium entsprechend – eine große Anzahl spezialisierter Foren rund um Internet und Technologie entstanden, zum Beispiel zu Themen wie Content-Management und Internetrecht.

Das Besondere an Diskussionsforen, die in eine Networking-Plattform integriert sind: Zu jedem Beitrag kann das ausführliche Profil des Autors aufgerufen werden. Schon allein diese Möglichkeit hebt das Niveau der Diskussion und erlaubt eine bessere Einschätzung der Verlässlichkeit des Geschriebenen. Am Gruppenthema Interessierte können – oder müssen teilweise sogar – Mitglieder der Gruppe werden, um Beiträge lesen und schreiben zu können. Sie erscheinen dann auf der Mitgliederliste der Gruppe, und die Mitgliedschaft wird auf ihrem Profil angezeigt.

Die Mitgliederlisten, vor allem aber die inhaltlichen Beiträge innerhalb der Gruppen bieten Ansatzpunkte für neue Kontakte. Sie können die voll-ständige Mitgliederliste oder auch nur Ihre direkten Kontakte unter den Gruppenmitgliedern anzeigen lassen. Oder durchsuchen Sie die Liste, zum Beispiel nach Mitgliedern aus Ihrer Region. Sie können auch über

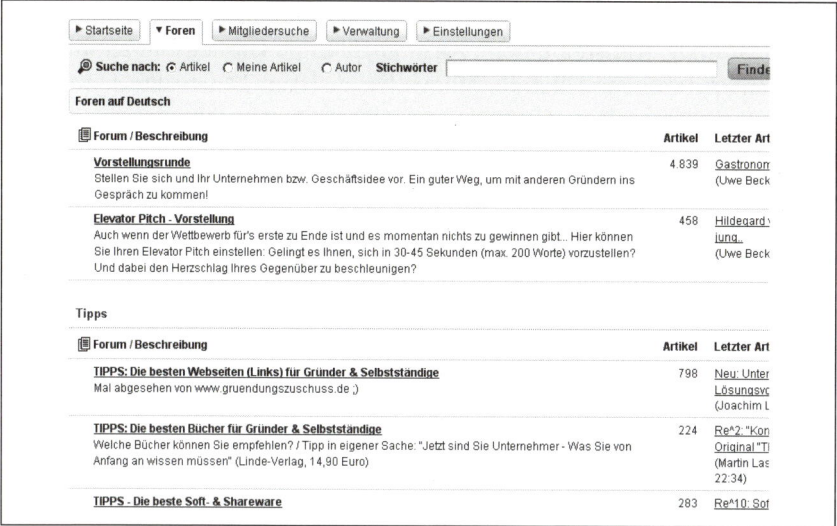

Forum / Beschreibung	Artikel	Letzter Art
Vorstellungsrunde Stellen Sie sich und Ihr Unternehmen bzw. Geschäftsidee vor. Ein guter Weg, um mit anderen Gründern ins Gespräch zu kommen!	4.839	Gastronom (Uwe Beck
Elevator Pitch - Vorstellung Auch wenn der Wettbewerb für's erste zu Ende ist und es momentan nichts zu gewinnen gibt... Hier können Sie Ihren Elevator Pitch einstellen: Gelingt es Ihnen, sich in 30-45 Sekunden (max. 200 Worte) vorzustellen? Und dabei den Herzschlag Ihres Gegenüber zu beschleunigen?	458	Hildegard \ jung.. (Uwe Beck

Tipps

Forum / Beschreibung	Artikel	Letzter Art
TIPPS: Die besten Webseiten (Links) für Gründer & Selbstständige Mal abgesehen von www.gruendungszuschuss.de ;)	798	Neu: Unter Lösungsvc (Joachim L
TIPPS: Die besten Bücher für Gründer & Selbststandige Welche Bücher können Sie empfehlen? / Tipp in eigener Sache: "Jetzt sind Sie Unternehmer - Was Sie von Anfang an wissen müssen" (Linde-Verlag, 14,90 Euro)	224	Re^2: "Kon Original "T| (Martin Las 22:34)
TIPPS - Die beste Soft- & Shareware	283	Re^10: Sof

Einige Beispiele für Foren, bei denen Sie wichtige Informationen und Tipps erhalten können.

die Stichwortsuche innerhalb der Foren nach Experten suchen und direkt ansprechen, wenn ihre Beiträge Ihnen hilfreich erscheinen.

Tipp
Wie Sie XING zur Informationssuche verwenden

Angenommen, viele Ihrer Kunden haben ihre Rechnungen nicht gezahlt und Sie haben die Empfehlung erhalten, offene Zahlungen über ein Inkassobüro eintreiben zu lassen. Sie wollen XING nutzen, um den richtigen Partner zu finden. Dann suchen Sie zunächst in den Gruppen und informieren sich, wie das Inkassoverfahren überhaupt funktioniert und was dabei zu beachten ist. Oft gibt es dort bereits Empfehlungen oder Anbieter haben sich zu Wort gemeldet. Auf jeden Fall finden Sie andere Betroffene, die sich mit dem Thema auseinandergesetzt haben und Ihnen im Allgemeinen bereitwillig weiterhelfen und Empfehlungen geben werden.

Wer sich selbst in einer Gruppe als Experte ausweisen möchte, muss darauf achten, dass seine Beiträge nicht als plumpe Eigenwerbung oder gar Spam interpretiert werden. Beteiligen Sie sich auf konstruktive Weise an den Diskussionen. Ein Hinweis wie „Ich selbst vertreibe dieses Produkt seit vielen Jahren, und aus meiner Erfahrung ..." ist völlig legitim, am Ende Ihres Beitrags können Sie auch Ihren Firmennamen nennen. Es gelten dieselben Regeln wie sonst beim Networking: Sagen Sie, was Sie machen, oder bieten Sie Hilfe an. Wer jedoch mit Druck verkaufen will, der wird ganz sicher auf Widerstand stoßen.

So bauen Sie ein eigenes internetbasiertes Netzwerk auf

Die einfachste Möglichkeit, ein eigenes Netzwerk aufzubauen, besteht darin, eine Gruppe auf einer Plattform wie XING zu starten oder sich als Moderator an einer bestehenden Gruppe zu beteiligen. Prüfen Sie, ob zu Ihrem Wunschthema bereits eine Gruppe existiert, und schalten Sie sich dort in konstruktiver Weise in die Diskussion ein. Das Interesse der meisten Gruppenmoderatoren ist darauf gerichtet, eine angeregte, niveauvolle Diskussion in Gang zu halten und zugleich neue, möglichst aktive Mitglieder zu gewinnen. Leisten Sie dazu einen Beitrag. Viele Betreiber werden Ihnen dann gerne die Verantwortung für ein Forum übertragen oder Sie sogar zum Co-Moderator ernennen.

Die Motive für den Aufbau eines eigenen Netzwerks sind ganz unterschiedlich. Wirtschaftlich gesehen kann dies ein guter Weg sein, um neue Kunden zu gewinnen und den Kontakt zu bestehenden Kontakten zu pflegen. Denn eine Gruppe ermöglicht natürlich einen sehr viel direkteren Austausch der Kunden untereinander als ein herkömmlicher Newsletter, den sie nur lesen, auf den sie aber nicht direkt reagieren können. Umgekehrt ist ein bestehender Newsletter- oder Adressverteiler natürlich eine gute Voraussetzung, um schnell ein eigenes Netzwerk mit einer Mindestzahl von Mitgliedern aufzubauen.

Über wenige, geschickt gewählte Einstellungen kann der Moderator bei XING die passenden Einstellungen vornehmen. Es ist alles möglich: eine völlig offene Gruppe, in der jedes XING-Mitglied Beiträge schreiben darf, die anschließend überall im Internet zu lesen und von Suchmaschinen zu finden sind, bis hin zum völlig geschlossenen Netzwerk, dessen Name nicht einmal in der Gruppenliste erscheint und dessen Mitglieder vom

Moderator vor dem Beitritt bestätigt werden müssen. Diese Einstellungen bestimmen auch, wer jeweils die Mitgliederliste einsehen und durchsuchen kann.

Der Moderator hat die Möglichkeit, den Mitgliedern seiner Gruppe Newsletter sowie Termineinladungen zu senden (sofern diese von den Mitgliedern nicht abbestellt wurden). Der Newsletter-Versand ist sogar im HTML-Format möglich, und das Aussehen der Gruppenseite kann durch Hochladen von Grafiken und Logos individuell gestaltet werden. Der Initiator muss allerdings mit einem erheblichen Zeitaufwand für den Aufbau und die Pflege der Gruppe rechnen. Mindestens eine Stunde täglich sollte man einplanen, oft wird es auch deutlich mehr – das ist vor allem in der Anfangszeit nicht ungewöhnlich.

Vom Kontakt zum Termin

Networking im Internet ist kein Selbstzweck. Es vereinfacht das gegenseitige Kennenlernen, aber früher oder später wollen Sie andere aus dem Netzwerk persönlich kennen lernen. Normalerweise werden Sie dazu Ihre Kontaktdaten gegenseitig freigeben, einander anrufen und dann vielleicht ein Treffen vereinbaren.

Komplizierter wird es, wenn Sie ein Treffen mit mehreren Personen arrangieren wollen oder unter den zahllosen Networking-Events die für Sie interessantesten herausfinden wollen. Hier unterstützt Sie XING mit der Event-Funktion.

Im entsprechenden Menü werden Ihnen Events vorgeschlagen, die zu den Angaben in Ihrem Profil passen. Sie erfahren zudem, zu welchen Veranstaltungen Ihre Kontaktpersonen gehen. Daneben finden Sie offizielle XING-Events, zum Beispiel Angebote der großen Regionalgruppen. Natürlich können Sie die Termindatenbank auch nach Stichwörtern, Kategorien (zum Beispiel Vorträge, Seminare, Networking-Veranstaltungen, Messen und Kongresse, Firmenpräsentationen), PLZ-Bereichen oder Orten sowie nach Datum durchsuchen.

Vielleicht wollen Sie mal ein privates oder geschäftliches Treffen organisieren, zu dem Sie sowohl Mitglieder als auch Nicht-Mitglieder (von diesen müssen Sie dann die E-Mail-Adresse eingeben) direkt über XING einladen. Die Gäste erhalten die Einladung per XING-Nachricht beziehungsweise E-Mail und können angeben, ob sie sicher kommen, vielleicht oder gar nicht. Sie können als Organisator jederzeit auf der Einladungsliste nachschauen, mit wie vielen Gästen Sie rechnen können und wen Sie gegebenenfalls noch einmal anrufen sollten.

Ganz einfach können Sie direkte XING-Kontakte und Mitglieder der von Ihnen moderierten Gruppen einladen. Je größer Ihr entsprechendes Netzwerk, umso einfacher wird es für Sie sein, eine Veranstaltung zu organisieren. Achten Sie aber darauf, nur Teilnehmer einzuladen, für die Ihre Veranstaltung wirklich von Interesse ist und die auch in räumlicher Nähe leben. Dazu können Sie Ihre Kontakte mit Tags („Etiketten") versehen, das sind frei wählbare Begriffe wie beispielsweise „Hamburg" oder „75" für Kontakte aus dem entsprechenden PLZ-Bereich, die Ihnen das Sortieren erleichtern.

Das Event-Tool von XING vereinfacht das Organisieren und Bewerben von Veranstaltungen derart, dass auch Einzelpersonen große Veranstaltungen selbst bewältigen können. Viele der in diesem Kapitel vorgestellten Netzwerk-Veranstaltungen wären ohne das Einladungsmanagement von XING nicht denkbar.

Im Internet unter: www.xing.com
Gegründet: Herbst 2003 in Hamburg
Mitglieder: Mehr als fünf Millionen Mitglieder kommunizieren in 16 Sprachen auf XING. Die Mehrzahl der Nutzer kommt aus Europa, wobei die deutsch-, spanisch- und türkischsprachigen Mitglieder besonders stark vertreten sind.
Der Weg zur Mitgliedschaft: Sie registrieren sich über die Website. Jeder kann Mitglied werden. Nutzen Sie den folgenden Einladungslink: www.jeder-ist-unternehmer.de/einladung.
Finanzieller Aufwand: Die Basismitgliedschaft ist kostenlos. Wichtige Funktionen wie beispielsweise das Versenden privater Nachrichten, die erweiterte wie auch die Power-Suche stehen aber nur zahlenden Premium-Mitgliedern offen. Bei einer Registrierung über den obenstehenden Einladungslink erhalten Sie die Premium-Mitgliedschaft für einen Monat kostenlos. Der Mitgliedsbeitrag beträgt 5,95 Euro monatlich.

Berufs- und Branchennetzwerke

Sie sind der Klassiker unter den Netzwerken: Für nahezu alle Berufe und Branchen, ob für Informatiker, Ärzte, Grafiker, Unternehmensberater, im Bereich Marketing Arbeitende oder Controller, gibt es größere Verbände.

Daneben besteht eine ganze Reihe von Unternehmens- und Selbständigenverbänden, die branchenübergreifend angelegt sind.

Die Verbände sind üblicherweise in Regionalgruppen organisiert, die regelmäßig zu Vortragsveranstaltungen und Stammtischen einladen. Der Bundesverband richtet eigene, größere Veranstaltungen aus und gibt häufig eine Mitgliederzeitschrift heraus. Nicht selten vergibt er auch publikumswirksame Preise. So verleihen zum Beispiel die Marketingclubs einmal jährlich den Deutschen Marketingpreis.

Als Mitglied haben Sie die Wahl, ob Sie sich passiv als Besucher der regionalen Veranstaltungen beteiligen oder aktiv alle Möglichkeiten des Verbandslebens nutzen wollen. Die Bandbreite des Engagements reicht von eigenen Vorträgen, Koordinationsaufgaben in der Regionalgruppe über die regelmäßige Teilnahme an bundesweiten Veranstaltungen und Fachgruppen bis hin zu sehr zeitaufwändigen, aber auch prestigeträchtigen Ämtern auf Bundesebene. Wer diesen Weg wählt, kann Erfahrungen sammeln und Beziehungen aufbauen, die im Berufsleben außerordentlich nützlich sein können.

Viele dieser Verbände bieten für „Junioren" eigene Treffen und teilweise sogar ermäßigte Beiträge an, wobei die obere Altersgrenze meistens bei 40 Jahren liegt. Mit dieser Regelung wird es allerdings nicht immer ganz genau genommen.

In jüngster Zeit sind zudem eine ganze Reihe privat organisierter Branchennetzwerke entstanden. Da es in diesen Organisationen keine Vereins- oder Verbandsstruktur gibt und die Zielsetzung eindeutig die Akquisition zahlender Mitglieder ist, entfallen hier oftmals umständliche Bewerbungsphasen. Gute Ideen können schnell umgesetzt werden, das Networking läuft unkomplizierter und direkter ab. Außerdem erheben diese Clubs zum Teil niedrigere Mitgliedsbeiträge, weil der kleinere Apparat weniger Kosten verursacht. Da der Anreiz zu einer dauerhaften ehrenamtlichen Betätigung in einer kommerziell geführten Organisation aber geringer ist, bleibt abzuwarten, ob privat organisierte Clubs sich als Alternative zu klassischen Berufsverbänden durchsetzen.

Selbstverständlich umfasst die Gruppe der Berufsnetzwerke zum Beispiel auch Frauennetzwerke oder Netzwerke für Schwule und Lesben. Diese werden aber getrennt vorgestellt, da ihre Ziele über die beruflichen Aspekte hinausgehen. Wesenskern solcher Netzwerke sind Merkmale der Mitglieder, die weit über Kennzeichen wie Alter oder Beruf hinausreichen.

Wirtschaftsjunioren Deutschland e.V. (WJD)

Der WJD ist der derzeit größte Verband junger Unternehmer und Angestellter mit Führungsaufgaben in Deutschland, der auf ehrenamtlicher Basis organisiert und geleitet wird. Er arbeitet auf Bundes-, Landes- und Kreisebene. Die Geschäftsführung der regionalen Gruppen übernehmen Mitarbeiter der Industrie- und Handelskammern (IHK) vor Ort, die Bundesgeschäftsführung der Deutsche Industrie- und Handelskammertag (DIHK). Über die Höhe der Mitgliedsbeiträge, die Mitgliederaufnahme und alle jeweiligen Aktivitäten bestimmen die einzelnen regionalen Kreisgruppen selbst.

Zielgruppe der Wirtschaftsjunioren sind diejenigen unter den Selbständigen und Angestellten, die unter 40 Jahre alt sind. Beitreten können Interessierte ab 18 Jahren, doch die meisten Mitglieder sind im Alter zwischen 30 und 40 Jahren. 80 Prozent der Mitglieder sind Männer und 60 Prozent Selbständige. Wer über 40 ist, kann als Fördermitglied Kontakt zu dem Verband halten.

Eines der wichtigsten Ziele des WJD ist die Mitgestaltung der Wirtschafts- und Gesellschaftspolitik in Deutschland, zudem soll die Akzeptanz unternehmerischen Handelns erhöht werden. Dazu werden Forderungen an die Selbständigen und Angestellten gerichtet, die Einfluss auf die Entwicklungen in der Wirtschaft nehmen wollen. So wird zum Beispiel an die Mitglieder appelliert, mehr Eigenverantwortung für das Handeln im Berufsleben und in der Gesellschaft zu übernehmen. Zentrale Themen bei den Aktivitäten des WJD sind zum einen die Existenzgründung und -sicherung, zum anderen die Mithilfe bei der Regelung von Unternehmensnachfolgen. Ebenso im Fokus: nationales und internationales Networking mit den WJD-Auslandskreisen und Partnern in anderen Ländern sowie soziales und gesellschaftliches Engagement zum Beispiel an Schulen oder für Auszubildende.

Wer einem der 210 Juniorenkreise in Deutschland beitreten will, findet sicher in seiner Nähe eine regionale Gruppe. Die Mitglieder können an Workshops, Vorträgen und Arbeitskreisen in den Regionen und auch auf Bundesebene teilnehmen. Darüber hinaus ist es gewünscht, dass die Mitglieder ehrenamtliche Tätigkeiten in ihren Gruppen, im Landes- oder im Bundesverband übernehmen.

Burkhard Schneider, 41 Jahre alt, arbeitet als Trainer und Vertriebsleiter in der Messe- und Kongressagentur Beewell Business Events. Seit vielen Jahren ist er in Netzwerken unterschiedlicher Art aktiv. Von 2000 bis 2002 war er Vorstandsmitglied der Wirtschaftsjunioren bei der IHK Frankfurt am Main und von 2003 bis 2004 Teammitglied des Bundesressorts Existenzgründung und -sicherung der Wirtschaftsjunioren Deutschland. Mittlerweile hat er die Altersgrenze von 40 Jahren überschritten, bleibt allerdings als Ehrenmitglied den Wirtschaftsjunioren Frankfurt auf Lebenszeit verbunden. Er ist Mitbegründer der Business Angels FrankfurtRheinMain e.V. und Mitbegründer der Erfolgsteams Frankfurt Rhein Main. Während der letzten Jahre war er sehr aktiv als Existenzgründungsberater, Referent bei Existenzgründerseminaren und Autor zahlreicher Fachartikel.

Wann haben Sie bewusst mit Networking begonnen?
Das war 1997, damals war ich bei einem Venture-Capital-Unternehmen angestellt. Zunächst besuchte ich die Veranstaltung eines anderen Unternehmernetzwerks, doch mein erster Eindruck war, dass ich mich dort nicht wohlfühlen würde. So entschied ich mich dafür, bei den Wirtschaftsjunioren bei der IHK Frankfurt am Main aktiv zu werden, nachdem ich deren Informationsveranstaltung besucht hatte.

Warum haben Sie sich für die Wirtschaftsjunioren entschieden?
Zum einen wollte ich Unternehmer kennen lernen, die sich in einer ähnlichen Situation wie ich befanden, und mir damit ein breiteres Umfeld schaffen. Mein Ziel war in erster Linie, neue Menschen auch aus anderen Branchen – und zwar Selbständige und Angestellte – kennen zu lernen. Die Atmosphäre und die Mischung unter den Mitgliedern des Frankfurter Kreises, die aus allen Berufen und allen Hierarchie-Ebenen stammen, haben mir gleich zugesagt.

Welche besonderen Erfahrungen haben Sie mit Networking gemacht?
Da ich zunächst nicht darauf angewiesen war, durch Networking neue Kunden zu gewinnen, konnte ich relativ unbefangen auf andere Menschen zugehen. Das hat auch dazu geführt, dass ich vor allem am Anfang beim Netzwerken sehr viel investiert habe – sowohl innerhalb des Netzwerks als auch nach außen. Ich habe im Lauf der Zeit erkannt, dass Netzwerken als eine nachhaltige Angelegenheit verstanden werden muss. Erst nach fünf bis sieben Jahren zahlt sich die eigene Anstrengung richtig aus.
Dazu trägt zum Beispiel auch meine besonders aktive Zeit bei den Wirtschaftsjunioren bei; als ehemaliger Amtsträger hat man von vornherein einen guten Ruf, so manche Türen öffnen sich dadurch schneller. Zudem habe ich in dieser Zeit die Chance gehabt, viele Menschen kennen zu lernen, die ich nur aufgrund meiner damaligen Positi-

onen getroffen habe. Das alles hat dazu geführt, dass ich mich in einem stabilen, sehr gemischten Netzwerk befinde, auf das ich mich stützen kann.

Wie sind die vielen Geschäftsideen entstanden, die Sie bisher verfolgt haben?
Ja, die Liste der Projekte wird immer länger. Viele der Ideen sind in Gesprächen mit anderen Wirtschaftsjunioren entstanden, die dann eben teilweise auch meine Geschäftspartner waren oder sind. Häufig fällt in Diskussionen oder im Austausch eine Marktlücke auf, eine vage Idee entsteht, wie sich diese füllen ließe. Wenn sich dann zwei, drei Leute zusammentun und diese Idee ausarbeiten, verfeinern und an den Markt anpassen, sie für gut befinden und umsetzen, bin ich gerne dabei. Ich finde sowieso, dass Erfolg am ehesten durch die Arbeit in guten Teams zu erreichen ist. Denn jeder bringt seine Stärken und Schwächen, besonderen Talente und Netzwerke mit, die sich im besten Fall zu einem Erfolgsteam ergänzen. Einer alleine gibt schnell auf, als Team kann man sich gegenseitig unterstützen, motivieren – und feiern, wenn alles so läuft, wie es soll.

Wie nutzen Sie Ihr Netzwerk, das Sie sich über die Jahre hinweg aufgebaut haben, für Ihre aktuelle Position als Vertriebsleiter der Firma Beewell Business Events?
In meiner ehrenamtlichen Zeit bei den Wirtschaftsjunioren Frankfurt war ich für viele Jahre für das Einwerben von Sponsorengeldern verantwortlich. In dieser Zeit habe ich insgesamt eine hohe sechsstellige Summe akquiriert. Heute zählt genau diese Aufgabe zur Hauptaktivität in meiner beruflichen Position. Jetzt profitiere ich von dem Know-how, das ich mir damals angeeignet habe. Und natürlich habe ich sehr viele Kontakte zu Entscheidungsträgern sammeln können, die heute Aussteller auf unseren Messen oder wichtige Multiplikatoren für uns sind. Unsere erste Eigenveranstaltung, die AUFSCHWUNG-Messe und Kongress für Existenzgründung und junge Unternehmen, wäre ohne mein vorheriges ehrenamtliches Engagement nicht von diesem Erfolg gekrönt gewesen. Ein Jahr nach dem Start gehörte die Veranstaltung schon zu den Top-Fünf-Gründermessen in Deutschland.

Sie haben sich beim Netzwerken häufig ehrenamtlich engagiert. Gibt es etwas, was Sie Netzwerkern in diesem Zusammenhang ans Herz legen wollen?
Mir hat mein Engagement sehr viel Spaß gemacht, ich habe dabei natürlich auch sehr viel gelernt. Doch was bei allem Engagement wichtig ist: Der Beruf, der ja das Einkommen sichert, und das Privatleben dürfen nicht zu kurz kommen. Ehrenamtliche Tätigkeiten füllen einen großen Teil der Zeit, bei mir waren es in der Hochzeit bis zu zwei Arbeitstage pro Woche und dann noch zwei bis drei Abendveranstaltungen wöchentlich. Irgendwann wird spürbar, dass die Belastungsgrenzen erreicht sind – und dann sollte man auf die Bremse treten und sich auf die Projekte beschränken, die einem persönlich am wichtigsten sind.

Im Internet unter: www.wjd.de

Gegründet: 1954, seit 1958 Mitglied der Junior Chamber International (JCI) des Weltverbandes der Wirtschaftsjunioren (gegründet 1944), der derzeit fast 250.000 Mitglieder in mehr als 100 Ländern verzeichnet

Mitglieder bei Wirtschaftsjunioren Deutschland: rund 11.000 in elf Landesverbänden und 210 Kreisverbänden

Kontakt: Wirtschaftsjunioren Deutschland e.V., wjd@wjd.de

Der Weg zur Mitgliedschaft: Eine Anfrage ist auf der Homepage der Wirtschaftsjunioren möglich, nach einer Antwort nimmt der Interessierte Kontakt zur nächsten regionalen Gruppe auf. Es folgt in der Regel eine etwa sechsmonatige Anwärterphase/Gastmitgliedschaft, nach der entschieden wird, ob der Kandidat aufgenommen wird.

Finanzieller Aufwand: Die Höhe der Jahresbeiträge bestimmen die einzelnen Regionalgruppen selbst, sie bewegen sich zwischen 120 Euro und etwas über 200 Euro.

Tipp
Weitere Netzwerke und Verbände für Unternehmer und Führungskräfte

Wenn Sie noch „Junior", sprich unter 40 Jahre alt sind, sollten Sie sich neben den Wirtschaftsjunioren (WJD) auch über die internationale Entrepreneurs' Organisation' (EO, ehemals YEO) sowie über den Bundesverband Junger Unternehmer (BJU) informieren.

Sie sind bereits „Senior"? Dann ist vielleicht die Arbeitsgemeinschaft Selbständiger Unternehmer (ASU) für Sie interessant, zu welcher der BJU gehört. Ein ebenfalls mitgliederstarker Wirtschaftsverband ist der Bundesverband mittelständischer Wirtschaft (BVMW). Weitere Verbände und zusätzliche Informationen finden Sie im Internet unter der Adresse www.jeder-ist-unternehmer.de/wirtschaftsnetzwerke.

Hamburg@work

Als nächstes Beispiel eines Berufs- und Branchenverbandes wird ein regionales Wirtschaftsnetz vorgestellt, das die Stärkung des lokalen Standorts zum Ziel hat. Hamburg@work ist die Hamburger Initiative für Medien, IT und Telekommunikation. Sie wird getragen von der Freien und Hansestadt

Hamburg sowie Hamburger Unternehmen, die sich im Hamburg@work e.V. zusammengeschlossen haben. Mit seinen mehr als 2.500 Mitgliedern aus über 650 Unternehmen aus der digitalen Wirtschaft ist Hamburg@work das bundesweit größte Netzwerk dieser Art.

Ziel der seit 1997 agierenden Public-Private-Partnership ist es, die Position der Medienmetropole Hamburg als Standort der Informations- und Kommunikationstechnologien auszubauen und die Unternehmen dieser Branchen zu unterstützen. Neben der gezielten Vermittlung von Business-Kontakten reicht das Informationsangebot von Starthilfen für Neu-Hamburger bis zur Hilfestellung bei allen Behördenangelegenheiten. Darüber hinaus bietet Hamburg@work viele Leistungen, zum Beispiel in den Bereichen Information, Service & Support, Networking & Events, Fachgruppen & Projektteams. Das Netzwerk richtet sich sowohl an kleine und mittelständische Unternehmen als auch an Konzerne, die ihre Geschäfte am Standort Hamburg betreiben.

Bei rund 150 Veranstaltungen im Jahr haben die Mitglieder von Hamburg@work die Möglichkeit, neue Kontakte zu knüpfen und bestehende weiter auszubauen. Eine bekannte Veranstaltung ist zum Beispiel das traditionelle Treffen der onlineKapitäne mit bis zu 1.000 Teilnehmern aus der digitalen Wirtschaft. „Executives Only" heißt es bei den CXO-Events, wo sich ausschließlich die Vorstands- und Geschäftsführungsebene zum exklusiven Netzwerken im kleinen Kreis trifft.

Die drei Aktionslinien webcity, gamecity und New TV stehen für die drei wichtigsten Hamburger Zukunftsthemen. Für jede Aktionslinie realisiert Hamburg@work verschiedene Projekte, um die Hansestadt in den Bereichen Games, digitales Bewegtbild und Internet als Standort und Branchenführer zu etablieren.

Die Mitglieder und Businesskontakte werden mit einem wöchentlichen E-Mail-Newsletter, dem quartalsweise erscheinenden Magazin „Always On", der Website www.hamburg-media.net sowie in der XING-Gruppe von Hamburg@work über Unternehmen, News, Veranstaltungen, Messe und Kongresse der digitalen Wirtschaft informiert. Darüber hinaus betreibt Hamburg@work enge Kooperationen mit Partnern im In- und Ausland von Schleswig-Holstein, Mecklenburg-Vorpommern und Berlin bis San Francisco und Shanghai.

Auch im Bereich der Forschungs-, Aus- und Weiterbildung bringt sich Hamburg@work als strategischer Partner ein, zum Beispiel beim Service

Digitale Arbeit (SDA), der über Bildungs- und Qualifizierungsangebote informiert (im Internet unter www.it-medien-hamburg.de).

Im Internet unter: www.hamburg-media.net
Gegründet: 1997 als Partnerschaft zwischen der Stadt Hamburg und den Unternehmen im ehemaligen „Förderkreis Multimedia"
Mitglieder: 650 Unternehmen mit rund 2.500 Beschäftigten im Hamburg@ work e.V.
Kontakt: Clustermanagerin Medien, IT & Telekommunikation, Dörthe-Julia Zurmöhle, doerthe.zurmoehle@hamburg-media.net
Der Weg zur Mitgliedschaft: Informationen zur Mitgliedschaft und den Konditionen finden Sie im Internet unter www.hamburg-media.net.
Finanzieller Aufwand: Eine Regelmitgliedschaft kostet 1.500 Euro zuzüglich Mehrwertsteuer pro Jahr. Für Start-up-Unternehmen und Großkonzerne gelten gesonderte Konditionen.

BANKINGCLUB

Zu den privat organisierten Branchenclubs, die sich in den letzten Jahren etabliert haben, zählt dieses Netzwerk. Es richtet sich an alle, die beruflich mit den Themen Bank, Börse und Finanzen zu tun haben, um auch in dieser Branche die Kontaktaufnahme zu erleichtern und ihr ein bundesweites Forum für den Austausch zu schaffen.

Das Angebot für die Mitglieder des BANKINGCLUB: Im Zentrum der Aktivitäten stehen die Clubveranstaltungen (BANKINGLOUNGE), die bisher in neun großen deutschen Städten sowie in Wien und Zürich stattfanden. Vorrangig geht es hier um das freie Networking, bei dem die unkomplizierte Kontaktaufnahme möglich ist. Die Veranstaltungen werden immer mit Fachvorträgen oder Podiumsdiskussionen angereichert, sollen aber in der Hauptsache dem Austausch und dem Kontakteknüpfen dienen.

Auf der Homepage sind aktuelle Branchennews aus der Finanzwelt geboten, außerdem dient sie als Plattform, über die Mitglieder miteinander Verbindung aufnehmen können. Darüber hinaus enthält diese Seite eine Jobbörse für die Branche, in der ausgewählte Inserate zu finden sind. Dieses Angebot können alle Mitglieder des BANKINGCLUB bundesweit nutzen. Außerdem gewähren einige der Partner und Sponsoren den Mitgliedern des BANKINGCLUB Vergünstigungen.

Im Internet unter: www.bankingclub.de
Gegründet: Januar 2005 von Thorsten Hahn
Mitglieder: 650
Kontakt: Thorsten Hahn, info@BANKINGCLUB.de
Der Weg zur Mitgliedschaft: Die Anmeldung ist über ein Formular im Internet möglich.
Finanzieller Aufwand: Banker (Angestellte bei Banken, Bausparkassen, der Börse, Finanzdienstleister sowie Handelsvertreter dieser Unternehmen) zahlen 47,50 Euro für zwölf Monate, Dienstleister (Angestellte, Freiberufler, Inhaber von Unternehmen, die Produkte oder Dienstleistungen für die Finanzbranche anbieten, zum Beispiel Agenturen, die branchenspezifische Trainings abhalten) zahlen 150 Euro für zwölf Monate.

Tipp
Eine Auswahl populärer Branchenverbände und -netzwerke

Von der Allianz deutscher Designer (AGD) bis zum Verein Deutscher Ingenieure (VDI) reicht die Liste der Branchen- und Berufsverbände. Eine vollständige Aufzählung würde den Rahmen dieses Buches sprengen. Die folgende Auswahl soll Sie auf den Geschmack bringen:

Bundesverband Informationswirtschaft, Telekommunikation und neue Medien (BITKOM), Deutscher Direktmarketing Verband (DDV), Bundesverband Digitale Wirtschaft (dmmv/BVDW), Deutscher Journalisten Verband (DJV), Deutscher Marketing-Verband (DMV, „Marketingclubs"), Deutsche Public Relations Gesellschaft (DPRG), Verband der deutschen Internetwirtschaft (eco), Gesellschaft für Informatik (GI), Institute of Electrical and Electronics Engineers (IEEE) und Kommunikationsverband.

Ein weiteres Beispiel für ein regionales Branchennetzwerk neben Hamburg@ work stellt der Förderkreis IT- und Medien-Wirtschaft München (FIWM) dar. Als ein privat organisiertes Branchennetzwerk ist neben dem BANKINGCLUB zum Beispiel auch HRnetworx zu nennen.

Eine umfangreichere Liste finden Sie im Internet unter www.jeder-ist-unternehmer.de/berufsnetzwerke.

Branchenevents: Messen und mehr

Trotz Siegeszug des Internet betrachtet ein hoher Anteil der netzwerkenden Angestellten und Selbständigen die Teilnahme an Branchenevents – Konferenzen und Seminaren, Kongressen und Messen – als unverzichtbar fürs Kontakteknüpfen. Bei diesen Veranstaltungen ist es möglich, sich über aktuelle Themen und Entwicklungen aus erster Hand zu informieren, und zwar ganz persönlich und im direkten Kontakt. Je nach Bedeutung der Veranstaltung kommen bekannte und weniger bekannte Menschen und Unternehmen aus dem ganzen Land oder sogar aus der ganzen Welt an einem Ort zusammen, um die Möglichkeit zur persönlichen Begegnung zu nutzen. Bei solchen Events geht es in erster Linie darum, sich branchenintern zu präsentieren beziehungsweise zu informieren, den eigenen Namen, die Dienstleistung oder das Produkt bekannt zu machen und Letzteres – wenn möglich – live vorzuführen.

Messestände und Vorträge gehören zum offiziellen Teil solcher Events; wer als Aussteller oder Gast nach Schließung der Messehallen noch bleibt und an einer Messeparty oder an den oft sehr aufwändigen Abendveranstaltungen anlässlich von Kongressen teilnimmt, nutzt die Möglichkeit, auch etwas informeller mit anderen ins Gespräch zu kommen. Damit bieten sich jede Menge Gelegenheiten, Kontakte zu knüpfen, aufzufrischen oder zu festigen.

Allerdings dürfen Sie nicht erwarten, auf einer Messe alle wichtigen Entscheidungsträger eines Unternehmens anzutreffen. Die Aussteller schicken vor allem ihre Vertriebsmitarbeiter dorthin. Außerdem kann es Ihnen als Besucher leicht passieren, dass Sie von der Größe der Veranstaltung so überwältigt sind, dass Sie kaum gezielt neue Kontakte knüpfen können. Wenn Sie sich dieser Gefahr bewusst sind, schon vorab planen, wen Sie wo treffen wollen, und einige Gesprächstermine vereinbaren, können Sie sie umgehen.

Für jede Branche gibt es die unterschiedlichsten Veranstaltungen. Informieren Sie sich nicht nur anhand von Messekalendern und bei den Messeveranstaltern, sondern fragen Sie auch aktiv bei Kollegen nach den wichtigsten Messen und Kongressen in Ihrer Branche: Ansonsten erfahren Sie möglicherweise erst hinterher, dass Sie eine exzellente Networking-Gelegenheit versäumt haben, die sich erst in einem oder sogar mehreren Jahren wieder bietet.

Messen und Ausstellungen

Messen und Ausstellungen stellen einen guten Rahmen dar, um Kontakte zu knüpfen, hier trifft man auf potentielle Auftraggeber, Kunden, Geldgeber und vor allem Gleichgesinnte. Auf so bekannten und großen Messen wie beispielsweise der ISPO, der CeBit Hannover oder den Buchmessen in Frankfurt und Leipzig bietet sich außerdem eine sehr gute Möglichkeit, Konkurrenzforschung zu betreiben, sich einen Überblick über die Branche und die Mitwettbewerber zu verschaffen und damit das eigene Angebot besser einordnen zu können. Ebenfalls gut zu wissen: Manche Messen, darunter einige im IT-Bereich, werden geradezu als Jobbörsen gehandelt. Bewerber-, Job- und Karrieremessen dienen ausdrücklich diesem Zweck. Bei dieser Gelegenheit können Sie unmittelbar Kontakt zu möglichen Arbeitgebern aufnehmen.

Bei welcher Veranstaltung sich ein Besuch lohnt, sollte jeder für sich auf der Veranstalter-Website recherchieren; meistens ist die Zielgruppe in Abhängigkeit von Branche, Alter und Berufserfahrung genauer festgelegt.

Vielleicht wollen Sie ja auch aktiv an einer Messe oder Ausstellung teilnehmen. Mit einem gelungenen Messeauftritt, den Sie durchaus mit anderen gemeinsam gestalten können, erreichen Sie viele unterschiedliche Menschen. Vielleicht kommen Sie dabei auch mit Personen ins Gespräch, die Sie niemals zu Ihrer Zielgruppe gezählt hätten. Falls Sie eine Veranstaltung ins Auge gefasst haben, sollten Sie auf jeden Fall genau wissen, wie sich das Zielpublikum zusammensetzt und welche Mitaussteller eventuell anwesend sind, bevor Sie entscheiden, ob Ihr Angebot hier tatsächlich am richtigen Platz wäre.

Tipp
Hier erfahren Sie mehr

Informieren Sie sich auch im Internet über das Thema Messe:
- http://www.auma.de: Ausstellungs- und Messeausschuss der deutschen Wirtschaft (AUMA)
- http://www.buero.info/messeplaner.php: Messeplaner, gute Suchmaschine für Branchenmessen im In- und Ausland
- http://www.expodatabase.de: Informationen rund um Messe und Planung

Kongresse, Vorträge, Seminare

Bei Vorträgen, Kongressen, Symposien und ähnlichen Veranstaltungen geht es in erster Linie um Informations- und Wissensvermittlung beziehungsweise -austausch. Sie richten sich an Vertreter einer bestimmten Branche oder behandeln branchenübergreifende Themen. Dabei variiert die Größe der Zielgruppe, es kann sich durchaus auch um sehr spezielle Themen handeln. Der Ablauf kann ganz unterschiedlich sein, mögliche Programmpunkte sind unter anderem Vorträge, Poster-Präsentationen, Podiumsdiskussionen oder auch Workshops. Bei manchen Veranstaltungen wird den Besuchern das Wissen sozusagen dargeboten, bei anderen sind sie aufgefordert, selbst etwas beizutragen.

Versuchen Sie, derartige Events für eigene Zwecke zu nutzen: Recherchieren Sie, ob Sie mit Ihrem Fachwissen eventuell als Redner oder Diskussionspartner auftreten könnten. Rufen Sie bei den Veranstaltern an, fragen Sie nach, und vielleicht erhalten Sie die Gelegenheit, sich durch einen Vortrag oder eine Rede bekannt zu machen. Allerdings sollten Sie vorher in Erfahrung bringen, ob dies mit Kosten für Sie verbunden wäre und ob ausreichend Zuhörer erwartet werden. Überlegen Sie dann, ob sich diese Investition wirklich lohnt. Eleganter ist folgender Weg: Nehmen Sie Kontakt zu Rednern auf, um sich von diesen empfehlen zu lassen. So kann es sein, dass Sie eine Einladung erhalten, wenn ein anderer Redner ausfällt.

Joachim Skambraks, 44, war nach einer Ausbildung bei Bertelsmann Vertriebs- und Marketingleiter bei mehreren Medienunternehmen, bevor er sich 1999 als Verkaufstrainer selbständig machte. Er ist gefragter Redner sowie Autor zahlreicher Managementbücher. Eines seiner Buch- und Seminarthemen ist der perfekte Elevator Pitch, also die kurze Selbstpräsentation, die häufig am Anfang eines Networking-Gesprächs steht.

Was sind für dich die zurzeit wichtigsten Netzwerke?
Ich bin Gründungsmitglied bei der German Speakers Association (GSA) und auf diesem Weg indirekt auch Mitglied bei deren internationaler Dachorganisation, der International Federation for Professional Speakers (IFFPS). Beides sind Verbände für Trainer, Referenten und Redner und haben Internationalität und Weiterbildung als Schwerpunkt.
Außerdem bin ich beim Bund der Selbständigen (BDS). Das sind ganz klassische Berufsverbände, in denen ich fachliche Anregungen und Weiterbildungsangebote erhalte und die Lobby-Arbeit mache. Gerade am BDS schätze ich, dass man ganz locker netzwerken kann.

Gibt es auch Netzwerke, die du nicht empfehlen kannst?
Es gibt schnell wachsende Netzwerke, die wie Strukturvertriebe organisiert sind. Man zahlt einen relativ hohen Mitgliedsbeitrag, einen großen Teil davon erhalten die Gründer des Netzwerks, der andere geht an die Leiter der Regionalgruppe. Das Ganze ist sehr straff organisiert. Die Gruppe der Interessenten ist meistens gespalten: Ein Teil kehrt dem Netzwerk sofort nach dem ersten Besuch den Rücken, der andere ist erst mal begeistert. Es dauert aber zumeist nicht lange, bis die Ernüchterung eintritt, weil die im Netzwerk bestehenden Kontakte sich häufig schnell erschöpfen. Mein Tipp: Genau nachfragen, was mit den Mitgliedsbeiträgen geschieht!

Welche weiteren Trends siehst du?
Der Besuch von Messen lohnt sich wieder, von Kongressen sowieso. Unter der Verbreitung des Internet und der wirtschaftlichen Krise hatten die Messen in den letzten Jahren ganz schön zu leiden. Das dreht sich jetzt. Die Messen haben sich von Order- zu Kontaktmessen entwickelt. Das Ordern geschieht per Internet oder Außendienstkontakt, die Messen bieten die Möglichkeit zum persönlichen Kennenlernen. Die Leute an den Ständen arbeiten viel professioneller, als das früher der Fall war. Trotzdem sollte man, wenn man geschäftliche Kontakte herstellen will, mit einem guten Elevator Pitch und cleveren Fragen anreisen. Dann ergeben sich fast automatisch produktive Gespräche.

Du veranstaltest auch selbst Networking-Events, zum Beispiel im Rahmen Deiner Elevator-Pitch-Seminare und -Wettbewerbe. Welche Erfahrungen machst du dabei?
Nach den Seminaren bieten die Veranstaltungen die Möglichkeit, den erarbeiteten Elevator Pitch direkt in der Praxis auszuprobieren. Es reicht aber nicht, die Teilnehmer sich selbst zu überlassen. Zumindest am Anfang muss man die Leute durcheinandermischen, zum Beispiel mit Speeddating oder dadurch, dass alle nach einiger Zeit den Tisch wechseln. So lernt man viele der Anwesenden kennen und kann anschließend auswählen, mit wem man ausführlicher reden möchte.

Von Frauen für Frauen

Noch immer ist es so, dass Frauen in der Wirtschaft den Männern nicht gleichgestellt sind, selbst wenn sie die gleichen Qualifikationen vorweisen können. In den Chefetagen der Großunternehmen in den 25 EU-Staaten fanden sich laut dem Bericht der Europäischen Kommission (Februar 2005) zur Gleichstellung von Mann und Frau dreimal mehr Männer als Frauen, in Positionen mit Personalverantwortung sind es etwa doppelt so viele. Und auch die Gehälter von Frauen liegen deutlich unter denen ihrer männlichen Kollegen in gleicher Position, das Gehaltsgefälle zwischen Männern und Frauen mit derselben Qualifikation wurde EU-weit auf etwa 16 Prozent geschätzt. In Deutschland sah es ähnlich aus: Unter den Führungskräften befanden sich 33 Prozent Frauen, in der Chefetage 21 Prozent. Der Verdienst von Frauen lag 2006 um durchschnittlich 24 Prozent unter dem der Männer.

Angesichts dieser Situation haben es sich die meisten der Frauennetzwerke auf die Fahne geschrieben, dies zu ändern; ihr gemeinsames Ziel: dafür arbeiten, dass sich der Frauenanteil in Führungspositionen erhöht, die Gehälter sich angleichen und die Vormachtstellung der Männer aufgebrochen wird. Allerdings nicht, indem die „Männerwelt" bekämpft wird, sondern indem speziell für Frauen zugeschnittene Angebote entwickelt werden. „Nicht gegen Männer, aber für Frauen", so hat es das virtuelle Netzwerk femity formuliert.

Frauen haben zwar schon immer Networking betrieben, zunächst taten sie dies aber vor allem, um sich gegenseitig im privaten Bereich zu unterstützen und zu fördern, im Berufsleben blieben derartige Zusammenschlüsse eher die Ausnahme. Berufliche Netzwerke sowie Businessclubs galten lange Zeit als Männerdomäne. Mit der Emanzipierung der Frauen und dem Kampf für ihre Gleichberechtigung in Gesellschaft und Wirtschaft entstanden während der letzten Jahre jedoch immer mehr Zusammenschlüsse, in denen sich Frauen gegenseitig Mut machen und sich den Rücken stärken, um eine ausgeprägtere Selbstverständlichkeit und ein stärkeres Selbstbewusstsein im Berufsleben zu gewinnen. Kein Wunder also, dass Mentoring, die gezielte Förderung einer einzelnen Person, in diesen Netzwerken sehr häufig eine wichtige Rolle spielt. Frauen hilft diese Form der Unterstützung besonders, denn vielen von ihnen fehlt es an weiblichen Vorbildern, wie sie selbst betonen, und häufig müssen sie nach einer passenden Gesprächspartnerin erst einmal suchen, wenn sie sich beruflich verändern wollen. So haben Frauen verstärkt die Möglichkeit des Networking im Berufsleben auch für sich entdeckt. Mittlerweile gibt es insgesamt rund 300 Berufsverbände und Netzwerke für Frauen in Deutschland.

webgrrls.de e.V.

Im Frühjahr 1995 gründete die New Yorkerin Aliza Sherman ein Unternehmen namens „Cybergrrl", mit dem sie Webdesign und -produktion anbot. Mit anderen Frauen, die ebenfalls in dieser Branche tätig waren, gründete sie noch im gleichen Jahr „webgrrls New York", um Erfahrungen und Wissen auszutauschen. Daraus entwickelte sich ein weltweites virtuelles Netzwerk, in dem sich Frauen zusammenschlossen, die vor allem im sowie mit dem Internet arbeiteten. An einem der monatlich stattfindenden Networking-Treffen nahm Karin Maria Schertler aus München teil; schon dabei wurde die Idee geboren, dieses Netzwerk auch in Deutschland zu etablieren.

So entstand webgrrls in Deutschland, seit 2001 als Verein, der sowohl auf Bundes- als auch auf regionaler Ebene arbeitet. Er richtet sich an weibliche Fach- und Führungskräfte in den Bereichen Web-/Screendesign, IT sowie Marketing und Coaching. Insgesamt geht es darum, die Präsenz von Frauen in diesen Branchen zu stärken und zu ständiger Weiterbildung anzuregen, indem Spezialistinnen aus unterschiedlichen Bereichen sich vernetzen. Die Möglichkeit, schnell und einfach Geschäftsbeziehungen zu knüpfen sowie Jobs, Praktika und Aufträge zu vermitteln, besteht auf der Homepage der webgrrls. Zudem können die Mitglieder hier ihr eigenes Unternehmen bewerben.

Zwischen den Mitgliedern findet darüber hinaus ein Erfahrungs- und Wissenstransfer statt. Der Austausch erfolgt zum einen über Mailinglisten, zum anderen werden monatliche Regionaltreffen mit Vorträgen, Workshops sowie anderen Networking-Events veranstaltet. Die Mitglieder erfahren durch den Mitgliederbrief Neuigkeiten über interne Belange, außerdem informiert dieses Schreiben über aktuelle Themen und Entwicklungen in der Branche. Auf der Internet-Plattform hat sich eine Datenbank mit hilfreichen Infos für die berufliche Karriere entwickelt; ihre Nutzung gehört ebenfalls zum Serviceangebot.

Im Internet unter: www.webgrrls.de
Gegründet: 1997 in München von Karin Maria Schertler, seit 2001 eingetragener Verein
Mitglieder: rund 700 in neun regionalen Gruppen
Kontakt: webgrrls.de e.V., mitgliedschaft@webgrrls.de
Der Weg zur Mitgliedschaft: Die Anmeldung erfolgt über ein Onlineformular, das zusätzlich ausgedruckt, unterschrieben und per Fax oder Post verschickt werden muss.
Finanzieller Aufwand: 60 Euro pro Jahr

Bundesverband der Frau im freien Beruf und Management e.V. (B.F.B.M.)

Der B.F.B.M. als ein bundesweites Netzwerk, das derzeit in 16 Regionalgruppen unterteilt ist, richtet sich an weibliche Führungskräfte und selbständige Frauen. Unter den Mitgliedern finden sich Ärztinnen, Rechtsanwältinnen, Journalistinnen, Unternehmensberaterinnen sowie Frauen aus vielen anderen Branchen. Zentraler Ansatz ist die Förderung von Frauen in Wirtschaft, Politik und Gesellschaft. Darüber hinaus geht es um Kontakte zu anderen gesellschaftlichen Gruppen und Institutionen, Informations- und Erfahrungsaustausch in Bezug auf den Beruf, Bereitstellung von Informationen, die speziell für Frauen interessant sind, Fort- und Weiterbildung und vieles mehr. Auch die gemeinsame Freizeitgestaltung ist Bestandteil dieses Netzwerks.

Bei bundesweiten Veranstaltungen können sich die Mitglieder aus den Regionen persönlich kennen lernen. Die Arbeit des Verbandes wird zum Teil in Arbeitskreisen erledigt, die sich entweder für ein bestimmtes Projekt zusammenschließen (etwa zur Vorbereitung und Durchführung des Jahrestreffens) oder aber ständig bestehen (zum Beispiel der Arbeitskreis Politik).

Das Angebot des Verbandes für seine Mitglieder, das zum Großteil auch von Gästen genutzt werden kann: Einmal im Monat finden in den Regionalgruppen Themenabende mit Workshops und Vorträgen statt, die entweder von Gästen oder B.F.B.M.-Frauen selbst gestaltet werden können. Dabei werden die unterschiedlichsten Themen aus der beruflichen Praxis behandelt, zum Beispiel Umweltschutz im Büro, Mitarbeiterführung oder Steuern. Bei diesen Veranstaltungen geht es um Austausch und Kennenlernen, sie bieten darüber hinaus die Möglichkeit, sich selbst und das eigene Produkt, die eigene Dienstleistung oder eine Idee vorzustellen. Nach dem Vortrag ist Zeit für eine Diskussion eingeplant, der Abend klingt dann mit dem informellen Teil aus.

Die Regionalgruppen gestalten ihre Aktivitäten jeweils selbst, nehmen an lokalen Messen oder Kongressen teil und repräsentieren dabei auch den Bundesverband. Bestimmte Veranstaltungen des B.F.B.M. werden ausschließlich für Mitgliedsfrauen ausgerichtet, die meisten können jedoch von allen Interessierten besucht werden.

Im Internet unter: www.bfbm.de
Gegründet: 1992 von der Kölner Finanzberaterin Barbara Schäfer gemeinsam mit anderen Frauen
Mitglieder: etwa 350 Frauen in 16 Regionalgruppen
Kontakt: B.F.B.M. Bundesgeschäftsstelle, verband@bfbm.de
Der Weg zur Mitgliedschaft: Auf der Homepage des B.F.B.M. finden Sie ein Anmeldeformular. Außerdem ist die kostenlose Registrierung über ein weiteres Formular möglich, damit ist auf jeden Fall die Nutzung des Internetangebots gewährleistet.
Finanzieller Aufwand: 200 Euro pro Jahr, Gastfrauen bei Veranstaltungen zahlen einen gesonderten Beitrag.

Tipp
Weitere wichtige Frauennetzwerke

Neben B.F.B.M. und webgrrls sind außerdem die Netzwerke femity, femmes géniales und Connecta sowie European Women's Management Development Network (EWMD) Deutschland e.V. zu nennen. Außerdem finden Sie bei XING das Forum Woman Entrepreneur Club. Weitere Informationen zu Frauennetzwerken erhalten Sie im Internet unter www.jeder-ist-unternehmer.de/frauennetzwerke.

Netzwerke für Schwule und Lesben

Noch immer stellt Homosexualität am Arbeitsplatz und in Berufsverbänden häufig ein Tabuthema dar, sie wird schlicht nicht wahrgenommen. Dem liegt ein Missverständnis zugrunde: nämlich dass es bei Homosexualität nur um Sexuelles gehe. Vor allem deshalb ist ein Gespräch darüber vielen peinlich. Dabei bestimmt die sexuelle Orientierung auch über viele Alltagsangelegenheiten: Mit wem lebt der oder die Betreffende zusammen? Wo, wie und mit wem verbringt er oder sie seine Freizeit? Über solche Alltagsthemen nicht sprechen zu können ist so, als ob es Heterosexuellen verboten wäre, am Arbeitsplatz über Ehe, Familie und Kinder zu reden.

Trotz der gesellschaftlichen Liberalisierung gibt es noch immer viele Schwule und Lesben, die ihr Arbeits- und Privatleben strikt trennen und am Arbeitsplatz nicht über Privates sprechen. Für viele Top-Management-Positionen gelten noch immer Leitbilder, die mit einem offen homosexuellen Lebensstil als nicht vereinbar angesehen werden.

Dadurch besteht für Schwule und Lesben eine unausgesprochene Barriere, die so genannte „glass ceiling", die sie am Aufstieg hindert. Am ehesten ist diese „gläserne Decke" im politischen Bereich durchlässig. In manchen Berufen und Branchen dagegen ist ein Coming-out auf allen Ebenen erschwert, zum Beispiel bei der Bundeswehr, in Erziehungsberufen und im konfessionellen Bereich, zu dem neben den Kirchen auch viele Krankenhäuser und Pflegeeinrichtungen gehören.

Trotz Diskriminierungen finden aber immer mehr Schwule und Lesben den Mut, durch ihre offene Präsenz auch am Arbeitsplatz vorhandene Klischees zu durchbrechen. Die Erfahrung, von den Kollegen vollständig angenommen und akzeptiert zu werden, setzt bei Schwulen und Lesben oft sehr viel zusätzliche Lebens- und Arbeitsenergie frei, weshalb Unternehmen zunehmend Interesse an Diversity-Trainings zeigen, die auf eine offene Arbeitsatmosphäre hinwirken und damit mittelbar die Arbeitsproduktivität erhöhen.

Berufsverbände von Schwulen und Lesben bieten – ähnlich wie Frauennetzwerke – die Möglichkeit, untereinander und nach den eigenen Regeln und Bedürfnissen zu netzwerken. Der gemeinsame Hintergrund des Aufwachsens und Coming-outs in einem doch häufig recht ablehnenden Umfeld wirkt dabei stark verbindend. Neben dem Austausch beruflicher Erfahrungen und dem persönlichen Kennenlernen engagieren sich diese Netzwerke für eine verbesserte Gleichbehandlung auch in der Gesellschaft, insbesondere durch ihre Öffentlichkeitsarbeit. Durch den Rückhalt, den sie geben, wollen die Netzwerke ihre Mitglieder auch dazu ermutigen, ihr berufliches Coming-out zu vollziehen, soweit noch nicht geschehen. Der offene Umgang mit der eigenen Homosexualität ist die Voraussetzung und damit der erste Schritt, um auch jenseits der schwulen und lesbischen Netzwerke erfolgreich zu netzwerken, denn beim Networking vermischt sich unweigerlich Privates und Berufliches.

Völklinger Kreis e.V. - Bundesverband schwuler Führungskräfte (VK)

Dieser Verband, gegründet 1991, ist der unabhängige und überparteiliche Berufsverband für schwule Führungskräfte aus Wirtschaft, Wissenschaft, Verwaltung und Kultur. Er tritt den Benachteiligungen aufgrund sexueller Orientierung vor allem im Arbeits- und Geschäftsleben entgegen. Der VK hat sich mit anderen Berufsverbänden, darunter dem Deutschen Führungskräfteverband ULA und dem Verband Angestellter Akademiker in der chemischen Industrie e.V. (VAA), zum Aktionskreis Leistungsträger zusammengeschlossen, der sich in den Bereichen Steuern, Recht, Bildung und Familie engagiert.

Als Teil der nationalen und internationalen schwulen Gemeinschaft hat der VK die Gründung der European Gay Managers Association (EGMA) maßgeblich als Gründungsmitglied unterstützt. Im Rahmen seines internationalen Netzwerks ist er zudem Mitinitiator des International Gay Lesbian Chamber of Commerce (IGLCC). Der Völklinger Kreis stellt sich gegen die Benachteiligung von HIV-Infizierten im Berufsleben und unterstützt durch seinen Förderverein Projekte und Initiativen, die auf diesem Gebiet aktiv sind.

Organisiert ist der VK in Regional- und Fachgruppen. Darin tauschen die Mitglieder berufs- und branchenspezifische Informationen aus, bieten Fachvorträge an und fördern so das berufliche Netzwerken. Die VK-Akademie als Weiterbildungsangebot für Mitglieder sowie Externe bietet ein weites Spektrum an Themen zur Methodik, unter anderem zu Führung und Kommunikation. Zudem vermittelt er Ansprechpartner, die über das Thema Homosexualität in Gesellschaft und Beruf informieren. Dieses Angebot richtet sich an diejenigen Unternehmen, die im Bereich Diversity-Management selbst tätig werden wollen. Der VK verleiht darüber hinaus den deutschlandweit einzigartigen Max-Spohr-Managementpreis, mit dem Firmen ausgezeichnet werden, die durch besondere Programme zum Thema Diversity aktiv sind und sich damit im Hinblick auf die Gleichstellung von Homosexuellen hervorheben.

Der VK vertritt als Interessenverband die Anliegen und Ziele seiner Mitglieder und arbeitet dabei mit Vertretern aus Politik, Wirtschaft und anderen Verbänden zusammen.

Im Internet unter: www.vk-online.de
Gegründet: 1991 Mitglieder: 750
Kontakt: Völklinger Kreis e.V., mail@vk-online.de
Der Weg zur Mitgliedschaft: Der Kontakt zum Verband erfolgt entweder über die Bundesgeschäftsstelle oder direkt zu den Regional- und Fachgruppen. Die Adressen sind auf der Homepage abrufbar. Interessenten werden direkt in einer Regional- oder Fachgruppe über die Vorteile und Verpflichtungen einer Mitgliedschaft informiert. Nach drei bis sechs Monaten entscheidet der Interessent über seinen Beitritt, das setzt ein formelles Aufnahmeverfahren in Gang.
Finanzieller Aufwand: 265 Euro pro Jahr

Wirtschaftsweiber e.V.

Die Wirtschaftsweiber, ein Netzwerk für lesbische Fach- und Führungskräfte, bilden sozusagen das weibliche Pendant zum Völklinger Kreis – sie treten für die Sichtbarkeit, Akzeptanz und Chancengleichheit lesbischer Frauen ein. Ein wesentliches Ziel der Wirtschaftsweiber ist die gegenseitige Förderung in beruflichen und persönlichen Belangen; der Verein versteht sich nicht in erster Linie als Business-Plattform, sondern pflegt eine Kultur der gegenseitigen Unterstützung und lebt zudem die Verbindung von Engagement und einer positiven Einstellung zur Karriere. Die Wirtschaftsweiber wollen mehr lesbische Frauen in Entscheidungspositionen bringen.

Das Netzwerk stellt seinen Mitgliedern ein Forum zur Verfügung, um ihre Situation in der Arbeitswelt zu diskutieren. Hierbei spielen auch die verschiedenen Erfahrungen mit offen oder eben nicht offen gelebter Homosexualität eine wichtige Rolle. Die Wirtschaftsweiber wollen außerdem auf gesellschaftliche und politische Entwicklungen Einfluss nehmen. Sie betreiben Lobbyarbeit und beteiligen sich an nationalen und internationalen Initiativen – immer häufiger gemeinsam mit dem Völklinger Kreis –, um auf das Thema Homosexuelle am Arbeitsplatz aufmerksam zu machen und den Umgang damit zu normalisieren.

Den Wirtschaftsweibern beitreten können lesbische Frauen aus allen Bereichen der Wirtschaft: Selbständige ebenso wie Angestellte, die eine Position im Management oder als Fachkraft innehaben oder diese anstreben. Durch die branchenübergreifende Vernetzung sowohl innerhalb des Vereins als auch auf regionaler, nationaler und internationaler Ebene können die Mitglieder auf ein breites Spektrum an Erfahrung und Know-how zurückgreifen. Das Netzwerk bietet darüber hinaus eine Plattform im Internet, die es ermöglicht, private sowie geschäftliche Kontakte zu knüpfen und nach Kooperationspartnern zu suchen.

Den Mitgliedern werden außerdem regelmäßig bundesweite Workshops angeboten, in deren Mittelpunkt sowohl Fragen der beruflichen als auch der persönlichen Weiterentwicklung stehen. Die neun Regionalgruppen organisieren Veranstaltungen wie Mitgliedertreffen, Vorträge oder Seminare. Die Wirtschaftsweiber sind Mitglied der European Gay Managers Association (EGMA) und der International Gay Lesbian Chamber of Commerce (IGLCC); sie arbeiten eng mit dem Schweizerischen Verband lesbischer Business-Frauen – wyberNet – zusammen.

Gemeinsam mit dem Völklinger Kreis, dem Lesben- und Schwulenverband in Deutschland (LSVD) sowie anderen Organisationen engagieren sich die Wirtschaftsweiber für Chancengleichheit und die Beseitigung von rechtlichen und sozialen Benachteiligungen.

Im Internet unter: www.wirtschaftsweiber.de
Gegründet: 1997, Vereinsgründung im Jahr 1999
Mitglieder: über 100
Kontakt: Wirtschaftsweiber e.V., kontakt@wirtschaftsweiber.de
Der Weg zur Mitgliedschaft: Interessierte nehmen an einem Workshop oder Regionalgruppentreffen teil. Bei diesen Veranstaltungen erfahren sie mehr darüber, wie die Wirtschaftsweiber arbeiten und welche Ziele sie verfolgen. Außerdem können sich die anderen Teilnehmerinnen ein Bild über die Bewerberin machen. Drei Schnupperbesuche sind möglich, dann muss die Interessentin einen Aufnahmeantrag stellen, wenn sie weiter teilnehmen möchte. Über diesen entscheiden der Vorstand beziehungsweise die jeweiligen Regionalgruppenkoordinatorinnen.
Finanzieller Aufwand: 120 Euro pro Jahr

Tipp
Weitere Netzwerke für Schwule und Lesben

Das zahlenmäßig größte schwul-lesbische Berufsnetzwerk ist mit 3.500 Mitgliedern die XING-Gruppe gayBC. Zudem existieren spezielle Berufsverbände für homosexuelle Banker, Bauern, Journalisten, Justizbedienstete, Psychologen, Reisekaufleute und Feuerwehrleute. Weitere Infos unter www.jeder-ist-unternehmer.de/glnetzwerke.

Gemeinsam stark: Erfolgsteams

Die Methode der Erfolgsteams („Success Teams") wird seit über 30 Jahren angewendet. Sie geht zurück auf die Ideen von Barbara Sher, einer amerikanischen Unternehmerin und Karriereberaterin. Wie diese Methode funktioniert, hat Sher ausführlich in dem Buch „Wishcraft – Lebensträume und Berufsziele entdecken und verwirklichen" (Osnabrück 2004) dargestellt. Das, was ein Mensch sich wünscht, ist auch das, was er braucht – und das kann er erreichen: mit praktisch anwendbaren Techniken sowie Instrumenten, um Ziele zu formulieren, den Weg dorthin zu planen, strategische Probleme zu lösen, „helfende Hände", also Unterstützung durch andere Menschen, und emotionale Hilfestellung zu finden. In der Realität zeigt sich allerdings, dass viele Vorsätze und Veränderungsvorhaben im Alltag scheitern. Wünsche und Träume werden nicht umgesetzt, weil sich einer alleine nicht traut, auf sich allein gestellt aufgibt, bevor er am Ziel angekommen ist, oder sein eigenes Ziel nicht konkret formulieren kann.

Deshalb schlägt Sher vor, sich in einem Erfolgsteam zusammenzutun, um sich gegenseitig bei der Erreichung der persönlichen und/oder beruflichen, ganz konkret ausformulierten Ziele zu unterstützen. Diese können zum Beispiel so lauten: „Ich will ein Sachbuch zum Thema Psychologie schreiben" oder „Ich will die Zeit für meine Akquise-Tätigkeit um 30 Prozent erhöhen". Außer der gegenseitigen Unterstützung bekommen die Teammitglieder bei professionell geführten Erfolgsteams Hilfestellung von einem Teamleiter, der Techniken vermittelt, die für das Erreichen von Zielen nützlich sind. Freundschaft, Vertrauen und Offenheit der Partner gelten in einem Erfolgsteam als zentrale Erfolgsfaktoren.

Die genauen Modalitäten variieren allerdings von Angebot zu Angebot und hängen von der Art des Erfolgsteams ab: Viele dieser Gruppen bestehen nur aus Frauen, aber inzwischen entdecken immer mehr Männer, dass auch sie von gezielter gegenseitiger Unterstützung profitieren. Die Kosten unterscheiden sich je nach Angebot und hängen davon ab, wie viele Treffen von einem professionellen Moderator begleitet werden. Nach einer gewissen Zahl solcher Zusammenkünfte kann das Team dann ohne Moderator weiterarbeiten. Natürlich können Sie auch privat ein Erfolgsteam gründen, dann sollte sich aber einer der Beteiligten mit den schon erwähnten Techniken und Instrumenten auskennen und es muss ein hohes Maß an Disziplin bei allen Beteiligten vorhanden sein.

Der Umfang der Begleitung durch einen Moderator fällt sehr unterschiedlich aus. Es gibt Modelle, bei denen eine gemeinsame Startveranstaltung (Kick-off) stattfindet und das Team dann alleine weitermacht, aber auch solche, die eine länger andauernde Betreuung umfassen. Dabei findet in der Regel als Erstes ein Treffen statt, häufig in Form eines ganztägigen Seminars oder eines Wochenendseminars, bei dem sich die Interessierten zunächst einmal kennen lernen und anschließend entscheiden, ob sie gemeinsam ein Erfolgsteam bilden wollen. Sobald sich ein Team gefunden hat, geht es darum, dass jeder sein eigenes Ziel formuliert, das er mit Hilfe des Teams erreichen will. Das jeweilige Ziel wird dann in der Gruppe gemeinsam mit dem Moderator hinterfragt: Ist es wirklich mein eigenes, oder habe ich es mir von der Familie, dem Partner oder der Gesellschaft vorgeben lassen? Ist es realistisch und optimistisch, das heißt positiv, formuliert? Sehr wichtig ist, dass das Ziel weder zu hoch noch zu niedrig angesetzt wird. Den Termin, bis wann er sein Ziel erreichen möchte, legt jeder für sich selbst fest, aber auch dieser wird in der Gruppe kritisch hinterfragt.

Ein Erfolgsteam besteht meist aus drei bis sechs Personen und schließt sich für einen bestimmten Zeitraum, häufig für sechs Monate, zusammen. Während dieser Zeit finden regelmäßige Arbeitstreffen des Teams statt, bei denen ein fester Ablauf eingehalten wird, der in etwa so aussieht: Zuerst kommt die Einstiegsrunde, bei der jeder erzählt, was sich seit dem letzten Treffen getan hat, was er geschafft hat. Danach folgt die Unterstützungsrunde. Hier darf jeder Teilnehmer 20 Minuten lang die Unterstützung der anderen für ein persönliches Anliegen in Anspruch nehmen, zum Beispiel ein Brainstorming durchführen, um Feedback zu einem Arbeitsergebnis bitten, nach Netzwerk-Kontakten fragen oder Ähnliches. Was sich die einzelnen Teammitglieder für die nahe Zukunft vornehmen, ist abschließend

Thema. Wenn die Treffen ohne Moderator stattfinden, übernehmen die Mitglieder abwechselnd Aufgaben bei den Teamtreffen, die sich auf die Einhaltung der Zeitvorgaben oder das Schreiben eines Protokolls beziehen. Unterstützungsanrufe und der Austausch per E-Mail zwischen den Treffen ergänzen die gegenseitige Zusammenarbeit, sie sollten jedoch kurz sein und sich auf das Wesentliche beschränken. Ist die zu Beginn vereinbarte gemeinsame Zeit als Erfolgsteam vorbei, können sich die Teammitglieder bei Bedarf in eigener Regie weiterhin austauschen oder berufliche Fragen vertiefen.

Im Gespräch

Brigitte W. Karasek, 49, lebt in München und ist als Malerin sowie als Kreativtrainerin für Unternehmen und Privatpersonen tätig. Sie beschreibt sich selbst als zu 60 Prozent Künstlerin und zu 40 Prozent Trainerin. Sie hat an mehreren Erfolgsteams teilgenommen und verfügt über unterschiedliche Netzwerkerfahrungen unter anderem bei den webgrrls, Connecta, femmes géniales, Business-Treffs, businesswoman, XING, beim Bundesverband Junger Unternehmer (BJU) und dem Münchner Marketing Circle.

Seit wann nutzen Sie Netzwerke?
Seit 1999. Ausgangspunkt war – nach der Trennung von meinem langjährigen Partner – das Bedürfnis, interessante Menschen kennen zu lernen. Kurz danach folgten der Umzug nach München und der Kontakt zu businesswoman von Danielle Löhr. Netzwerke sind ideale Orte, um Menschen kennen zu lernen und Kontakte zu knüpfen – sowohl im privaten als auch im beruflichen Bereich.

Wie gehen Sie beim Netzwerken vor?
Ich habe von den Netzwerken, die mich interessieren, die Newsletter abonniert und erfahre so, was wann wo passiert. Spricht mich das Thema einer Veranstaltung an, gehe ich erst einmal ohne große Erwartungen dorthin. Meist lerne ich dann interessante Menschen kennen. Wenn nicht, habe ich ja ein für mich spannendes Thema ausgesucht und erfahre Neues.

Wie sind Sie auf die Idee gekommen, an einem Erfolgsteam teilzunehmen?
In meiner geschäftlichen Situation als Freiberuflerin bin ich ja immer eine One-Woman-Show – eine Einzelkämpferin, die wenige Möglichkeiten hat, sich Unterstützung und wichtiges Feedback zu holen. Eine befreundete Kollegin erzählte mir

von den Erfolgsteams und ihren guten Erfahrungen damit. Besonders wichtig war für sie, dass ein Mann dabei war. Sie war erstaunt darüber, wie unterschiedlich die Ansichten von Frauen und Männern sind und wie wichtig es ist, eine Synthese aus beiden herzustellen, wenn man langfristig beruflichen Erfolg haben will.

Was hat Ihnen besonders gefallen, als Sie zum ersten Mal an einem Erfolgsteam teilgenommen haben?
Die Offenheit und die Ehrlichkeit, die zwischen den Teammitgliedern entstanden sind. Die Ziele, Aufgabenstellungen und Erfahrungen bleiben in der Gruppe, so entsteht ein tiefes Vertrauen. Daher konnten die Beteiligten auch über Misserfolge und Probleme sprechen oder Fehler eingestehen. In der Gruppe kann man sich auffangen lassen und echte Unterstützung erfahren, vor allem auch im emotionalen Bereich. Hinzu kam, dass in einem solchen Team Gleichberechtigung vorherrscht, da nicht bei jeder Sitzung ein Leiter oder ein Coach dabei ist, der mehr weiß als alle anderen.

Wie haben Sie von Ihrer Zeit im Erfolgsteam profitiert?
Mein eigentliches Ziel, das ich mir vorgenommen hatte, ließ sich in einem halben Jahr nicht ganz umsetzen. Ich hatte aber den richtigen Weg gefunden, und jetzt, nachdem etwas mehr Zeit vergangen ist, habe ich meine Ziele erreicht. Besonders hilfreich war dabei, dass ganz am Anfang eine Zielformulierung entstand, die tragfähig war und richtungsweisend blieb. Außerdem habe ich ganz allgemein an Selbstbewusstsein gewonnen, da ich in den Diskussionen und Gesprächen im Team herausgefunden habe, dass ich eine ganze Menge mehr über viele Themen weiß, als ich dachte. Und last but not least: In einer Gruppe von vier, fünf Personen vervielfältigen sich natürlich auch die Kontakte, auf die man zurückgreifen kann.

Wie viel Zeit investieren Sie in etwa für Networking pro Woche?
Das ist ganz unterschiedlich, manchmal häufen sich die Ereignisse und es werden drei Abende pro Woche – dann wird es zeitlich knapp, um mit den Menschen in Kontakt zu bleiben, die versprochenen Unterlagen zu senden und sich auszutauschen. Insgesamt ist es wichtig, auch hier seine eigenen Grenzen zu kennen.

Informationen über Erfolgsteams und unterschiedliche Angebote hierzu sind im Internet zu finden: Homepage von Barbara Sher, www.barbarasher. com; mehr über Success
Teams unter: www.shersuccessteams.com
Weitere Informationen zum Thema Erfolgsteams und bundesweite Termine erhalten Sie auch unter www.jeder-ist-unternehmer.de/erfolgsteams.

Im Reden geübt: Toastmasters International

Wenden wir uns nun einem Netzwerk ganz anderer Art zu: Toastmasters International, ein Kommunikations- beziehungsweise Rhetorik-Club, der nach amerikanischem Vorbild das „Self-Improvement" verfolgt. Diese weltweite Non-Profit-Organisation will in erster Linie die sprachliche Kommunikationsfähigkeit und die Führungsqualitäten der Mitglieder entwickeln, um deren Selbstbewusstsein und persönliches Wachstum zu fördern. Die Clubmitglieder können hier lernen, wie man belustigt, unterhält, überzeugt oder eine Rede hält – ob vorbereitet oder aus dem Stegreif. Darin sollen sie mit jedem Treffen ein bisschen besser werden. Eine große Rolle spielen dabei regionale, aber auch internationale Rede-Wettbewerbe. Außerdem wird den Teilnehmern angeboten, weitere berufliche Qualifikationen dadurch zu erwerben, dass sie Aufgaben im Club übernehmen.

Die Toastmasters sind in Districts, Areas und letztendlich in lokale Clubs mit unterschiedlichen Namen und bis zu 30 Mitgliedern unterteilt und operieren weltweit überwiegend mit den gleichen Regeln. Sie nutzen dabei aus dem englischen Original übersetzte Handbücher, welche die Regeln vorgeben, die bei den verschiedenen Redearten zu beachten sind. Je nach Clubordnung finden alle zwei Wochen Treffen von etwa zwei Stunden statt, die in einer bestimmten Sprache abgehalten werden. In München gibt es zum Beispiel deutsch-, englisch- und französischsprachige Clubs. Die Veranstaltungen laufen im Allgemeinen so ab: Nach der Begrüßung und der Einführung durch den Moderator des Abends folgen die vorbereiteten Reden. Sie beschäftigen sich mit einem Thema aus dem Anfängerbuch der Toastmasters für den Bereich Kommunikation und Führung oder aus einem der speziellen Bücher für Fortgeschrittene. Die Wahl des Redethemas und -titels bleibt dem Sprecher selbst überlassen; die Aufgabe könnte zum Beispiel darin bestehen, eine witzige oder besonders dramatische Rede zu halten. Während Anfängern eine Rededauer von fünf bis sieben Minuten zugebilligt wird, kann sie bei Fortgeschrittenen auch ein wenig verlängert werden.

Ein anderes, vorher ausgewähltes Mitglied übernimmt die Aufgabe, die Rede zu bewerten. Dies erfolgt ebenfalls in Form einer Rede, welche zwei bis drei Minuten dauert. Darin beschreibt der Kritiker seine subjektive Reaktion auf die vorangegangene Rede und ob er die Vorgaben aus dem Handbuch erfüllt sieht, zum Beispiel den Einsatz von Gesten oder den Verzicht auf Notizen. Zudem macht er Änderungsvorschläge oder gibt Anregungen, wie der betreffende Redner seinen Stil oder den Aufbau seiner Rede verbessern könnte. Im weiteren Verlauf werden Stegreif-Reden von ein bis zwei Minuten gehalten. Die Themen hierfür gibt der Leiter der Runde vor. Der Redner bekommt 30 Sekunden Bedenkzeit, bevor er ans Rednerpult tritt und spontan zum vorgegebenen Thema spricht.

Im Gespräch

Wiebke Bauer, 36, arbeitet seit Mitte 2008 als Head of Product Management & Development für Ferrari SpA in Maranello (Italien). Begonnen hatte sie dort 2007 als License & Retail Strategist. Zuvor war sie seit 2001 als Marketing Managerin Communications & Licences und im internationalen strategischen Marketing für einen anderen Hersteller von Luxusgütern tätig, nämlich die Montblanc International GmbH mit Sitz in Hamburg. 2004 trat sie dem „First Hanseatic Toastmasters" in Hamburg bei, der seine Treffen auf Englisch abhält. Vor ihrem Umzug nach Maranello war sie „Vice President PR" dieses Clubs. Für das berufliche Networking nutzte sie darüber hinaus die Angebote des Marketing Club Hamburg. Dessen Juniorenkreis für Marketeers bis 32 bietet die Möglichkeit, dass jüngere Berufstätige, die gerade anfangen, ihre berufliche Karriere zu gestalten, in Kontakt zueinander treten können.

Seit wann nutzen Sie Netzwerke?
Berufsorientierte Netzwerke nutze ich, seitdem ich im Marketing tätig bin, das heißt seit Beginn meines Berufslebens im Jahr 2001.

Wie kam es, dass Sie Mitglied bei den Toastmasters wurden?
Als ich nach einem USA-Aufenthalt wieder zurückkam, brauchte ich Englisch im Beruf eher selten. So suchte ich nach einer Möglichkeit, meine Sprachkenntnisse lebendig zu halten. Im „Hamburger Abendblatt" habe ich dann einen Bericht über den englischsprachigen Club der „First Hanseatic Toastmasters" gelesen. Nach zwei bis drei Teilnahmen an den Meetings als Gast bin ich Mitglied geworden.

Warum haben Sie sich diesen Club ausgesucht?
Im Beruf werden professionelles Reden, verständliches Kommunizieren und Führungsfähigkeiten immer mehr zu Schlüsselqualifikationen für die Karriere. Die „Toastmasters" bieten – auch aufgrund der regelmäßigen Treffen – einerseits die Möglichkeit, freies Sprechen vor Publikum bei einer geplanten Rede oder einem spontanen Kommentar in Englisch zu üben, andererseits lernt man, konstruktive

Kritik zu geben und anzunehmen. Das ist wichtig, da man nur aus Fehlern lernen kann. Die Atmosphäre ist anders als bei „verschulten Seminaren" – locker und ungezwungen, was sehr angenehm ist. Trotzdem sind die Meetings gut strukturiert, und mich fasziniert die Professionalität, mit der dort gearbeitet wird.

Was ist das Reizvolle bei den Veranstaltungen der Toastmasters?
Nach dem amerikanischen Vorbild der „Toastmasters International" gibt ein internationales Handbuch den Rahmen und die Zielsetzung jeder Rede vor. Jeder, der das Handbuch mit den ersten zehn Reden durcharbeitet, erhält dieselben Vorgaben. Dabei gilt es, ohne Notizen zurechtzukommen, aber in der Ausgestaltung kreativ zu sein. Direkt im Anschluss wird jede Rede von einem „Evaluator" bewertet. Er beurteilt, ob und wie die geforderten Kriterien erreicht wurden. Der „Wizard of Ahs" zählt zum Beispiel alle Öhms, Ähs oder andere Lückenfüller, die der Redner selbst nicht wahrnimmt – die zu reduzieren, daran habe ich lange gearbeitet. Und: Bei unseren Treffen sind auch manchmal „native speaker" vertreten, sodass allein durchs Zuhören das englische Vokabular erweitert beziehungsweise aufgefrischt wird.

Wie profitieren Sie davon beruflich und privat?
Ich habe viel Sicherheit gewonnen, zum Beispiel für berufliche Präsentationen, und erfahren, wie ich auf einen größeren Kreis von Zuhörern wirke, denn die eigenen Stärken und Schwächen werden durch das Feedback direkt angesprochen. Zusätzlich zur freien Rede kann man also auch lernen, gehaltvolles Feedback zu geben.
Die Fähigkeit, den roten Faden zu finden und ihm zu folgen, hilft mir auch im Privatleben, zum Beispiel, als ich eine Rede auf einem privaten Geburtstagsfest gehalten habe. Weiterhin sind die Reden bei den Toastmasters auch inhaltlich interessant und überraschend; die Themen variieren von beruflichen Inhalten bis hin zu privaten Erlebnissen.

Wie profitieren Sie generell von Networking?
Während es bei den Toastmasters vorrangig um die Art der Kommunikation geht, steht beim beruflichen Netzwerken das fachliche Know-how im Vordergrund, zum Beispiel, wenn ich Vorträge oder andere Veranstaltungen des Marketing Club besuche. Im Marketing Club ist ein intensiverer Austausch mit anderen Branchen möglich, für den tagsüber am Telefon keine Zeit bleibt oder der im privaten Rahmen oft nicht passend erscheint. Vorteil ist, dass mit Mitarbeitern aus verschiedensten Firmen Fragen, Lösungen und Meinungen ausgetauscht werden können, wodurch sich der berufliche Horizont erweitert. Auch habe ich über diesen Kreis und die Regelmäßigkeit schon Freundschaften schließen können.

Wie viel Zeit investierten Sie in Ihrer Hamburger Zeit für Networking pro Woche?
Ich nahm etwa an einem Termin pro Monat beim Marketing Club und an zwei bis drei Veranstaltungen der „First Hanseatic Toastmasters" teil. Inzwischen habe ich leider durch den Ortswechsel keine Gelegenheit mehr zur Teilnahme (einen ähnlichen internationalen Club habe ich in Maranello und Umgebung noch nicht gefunden ...). Die Reden bereitet übrigens jeder in seiner freien Zeit vor. Der Aufwand hierfür richtet sich danach, wie viel Zeit man privat aufwenden möchte. Die Zeitinvestition macht etwa zwei Stunden für die Veranstaltung und je nach gewähltem Thema einen oder zwei Tage für das Schreiben der Rede aus. Hinzu kommen die Stunden, in denen man das Vortragen der Rede übt – je nach privater Flexibilität und eigenem Anspruch eine bis sechs Stunden.

Im Internet unter: www.toastmasters.org, Verzeichnis der deutschen Clubs unter www.district59.org/clubs. php?country=Germany
Gegründet: 1924 in den USA von Dr. Ralph Smedley als Ableger der YMCA (Young Men's Christian Association)
Mitglieder: 200.000 in etwa 9.000 Clubs in 70 Ländern
Kontakt: Wer sich für eine Mitgliedschaft bei den Toastmasters interessiert, recherchiert am besten selbst den Club in seiner Umgebung. Im Internet sind die Adressen, Ansprechpartner und Beiträge zu finden. Besucher bei den Treffen sind meistens erwünscht, am besten meldet man sich vorher an.
Der Weg zur Mitgliedschaft: Interessierte füllen zusammen mit dem Clubvorstand ein Aufnahmeformular aus. Ist dieses unterschrieben und wurden die Aufnahme- und Mitgliedsgebühren bezahlt, beginnt die Mitgliedschaft.
Finanzieller Aufwand: je nach Club

Für einen guten Zweck: Service-Clubs

Bei dieser Gruppe von Netzwerken, zu denen auch Rotary und Lion's Club zählen, stehen offiziell meist soziale Projekte, humanitäre Hilfe sowie Förderung von Kultur und Völkerverständigung als gemeinsames Ziel im Vordergrund. Natürlich entstehen auch in diesen Zusammenschlüssen Kontakte, die bei der Karriereplanung hilfreich sind, auch wenn es bei vielen der Treffen und Veranstaltungen offiziell ausdrücklich verboten ist, über den Beruf und die Arbeit zu sprechen!

In die meisten dieser Clubs kommt man nur über Empfehlungen anderer Mitglieder, sich bei Interesse einfach zu bewerben ist nicht möglich. Wer hier den Einstieg finden will, muss entweder bereits über entsprechende Kontakte verfügen oder einen Weg finden, um Personen, die in diesen Clubs Mitglied sind, kennen zu lernen. Unter den Mitgliedern sind mittlerweile auch Frauen zu finden, sie sind aber sehr deutlich in der Unterzahl. Die Jahresbeiträge variieren ziemlich stark, die tatkräftige Mitarbeit oder großzügige Finanzierung bei den sozialen Projekten der einzelnen Clubs zählen meist zu den Pflichten der Mitglieder.

Round Table Deutschland

„Adopt, adapt, improve", so lautet das weltweit geltende Motto von Round Table, das aus der Rede des Duke of Windsor stammt, die er anlässlich der britischen Industriemesse 1927 hielt. Mit ihr rief er junge Männer dazu auf, bewährte Ideen anzunehmen und im Hinblick auf gegenwärtige und zukünftige Umstände zu verbessern. Diesem Aufruf folgte Louis Marchesi im gleichen Jahr, als er in England den ersten Round Table Club gründete, wobei er die Grundidee bereits vorhandener Clubs, wie zum Beispiel des Rotary Clubs, abwandelte, indem er eine Altersbegrenzung vorgab.

Bei Round Table Deutschland handelt es sich um eine konfessionell und parteipolitisch neutrale Vereinigung von jungen Männern zwischen 18 und 40 Jahren. Das Höchsteintrittsalter liegt bei 38 Jahren, mit 40 erlischt die Mitgliedschaft automatisch, man kann dann aber Mitglied bei „Old Table" werden. Unterteilt ist Round Table Deutschland in regionale Gruppen, die so genannten einzelnen „Tische", die selbständig handeln und mit Nummern benannt werden. Zu einem solchen Tisch gehören 20 bis 25 Personen, wobei nie mehr als zwei Angehörige einer Berufsgruppe vertreten sein dürfen. Als Mitglieder kommen diejenigen Kandidaten in Frage, die selbständig oder in verantwortungsvoller Position arbeiten oder auch eine Ausbildung mit diesem Ziel absolvieren. Damit ist gemeint, dass die Mitglieder von Round Table beruflich Verantwortung für andere Menschen übernehmen und sich persönlich einsetzen. Der eigentliche Beruf sowie die finanziellen Möglichkeiten spielen keine Rolle. Anliegen des Clubs ist die Förderung der Toleranz generell und untereinander durch offenen Meinungsaustausch und das Kennenlernen und Akzeptieren von unterschiedlichen Verhaltensweisen der Mitglieder. Diese tauschen sich über private und berufliche Erfahrungen aus und sprechen über aktuelle Entwicklungen in der Gesellschaft und Wirtschaft sowie die damit verbundenen Folgen.

Round Table ist halb Debattier-, halb Wohltätigkeits-Club, in dem von jedem Mitglied persönlicher Einsatz bei regionalen sowie internationalen

Projekten erwartet wird. Zu den sozialen Vorhaben, die Round Table international unterstützt, gehören zum Beispiel Spendenaufrufe für andere Round Tables auf der Welt, die nach Katastrophen beim Wiederaufbau in der betroffenen Region helfen oder Projekte in Afrika durchführen, die dazu beitragen sollen, die weitere Ausbreitung von Aids – vor allem bei Kindern – einzudämmen. In den regionalen Gruppen unterstützen die Mitglieder zum Beispiel Schulen vor Ort oder organisieren sportliche sowie kulturelle Events für gute Zwecke.

Einmal jährlich findet ein Annual General Meeting (AGM) aller deutschen Tische statt. Alle zwei Wochen organisieren die regionalen Gruppen ein Treffen, den „Tischabend", zu dem manchmal auch die Partnerinnen der Mitglieder eingeladen werden. Dabei wird ein fester Ablauf eingehalten, der das gemeinsame Essen, den Vortrag eines Teilnehmers oder Gastredners sowie einen „Drei-Minuten-Vortrag" zu einem aktuellen Thema vorgibt. Manchmal kommt ein „Ego-Vortrag" hinzu, mit dem sich ein neues Mitglied vorstellt oder ein älteres über veränderte Lebensumstände berichtet.

Im Internet unter: www.round-table.de
Gegründet: erster deutscher Club 1952 in Hamburg, gehört zum World Council of Service Clubs (weltweit mehr als 100.000 Mitglieder)
Mitglieder: in Deutschland 3.500, aufgeteilt in 220 Tischen
Kontakt: Round Table Deutschland, praesident@rtd-mail.de
Der Weg zur Mitgliedschaft: Bei Round Table Deutschland kann nur Mitglied werden, wer empfohlen wird. Wer niemanden dort kennt, kann sich auf der Homepage von Round Table Deutschland darüber informieren, wie er einen Kontakt herstellen kann.
Finanzieller Aufwand: Die Jahresbeiträge variieren von Tisch zu Tisch, sie liegen zwischen 50 und 100 Euro.

Wo sich Ehemalige treffen: Alumni-Clubs

Den Begriff „Alumni-Clubs" beziehen viele ganz selbstverständlich ausschließlich auf den universitären Bereich, doch das heutige Verständnis umfasst noch mehr: Es geht um den Zusammenschluss „Ehemaliger", sei es an Schulen, Universitäten und Fortbildungsstätten oder nach der Teilnahme an privaten (Persönlichkeits-)Trainings. Selbst Unternehmen wie McKinsey unterhalten prestigeträchtige und aufwändige Alumni-Programme. Alle daran Beteiligten profitieren davon: Die Hochschulen und Schulen hoffen auf Spenden, private Anbieter auf Wiederholungsaufträge und Empfehlungen, die Ehemaligen auf wertvolle Kontakte für Beruf und Karriere. Diese Netzwerke profitieren von den Möglichkeiten des Internet in besonderem Maße, denn die Mitglieder leben häufig weit verstreut. Ebenso wichtig sind die kleinen persönlichen Treffen und Veranstaltungen, die meist an unterschiedlichen Orten in unregelmäßigen Abständen stattfinden. Schließlich lässt es sich leichter miteinander kommunizieren, wenn man sich wenigstens bei einem dieser Anlässe schon einmal persönlich kennen gelernt hat.

Berühmtestes Beispiel ist sicherlich die Harvard Business School Alumni Association (www.alumni.hbs.edu). Dieser Club besteht aus 65.000 ehemaligen Wirtschaftsstudenten aus aller Welt. In den Club wird automatisch aufgenommen, wer den MBA-Abschluss in Harvard bestanden hat. Auch in diesem Netzwerk stehen Informationsaustausch, mögliche Kooperationen sowie Empfehlungen im Vordergrund. In regelmäßigem Abstand von fünf Jahren treffen sich die Absolventen eines Jahrgangs irgendwo auf der Welt. Nationale Ehemaligenclubs veranstalten zusätzliche Treffen. Die alltägliche Netzwerkarbeit erfolgt dennoch zum größten Teil in regionalen Gruppen.

Die Idee aus den USA, Alumni-Clubs als Marketinginstrument für Hochschulen zu nutzen, wird bereits seit über 30 Jahren in Deutschland aufgegriffen, zum Beispiel von der 1971 gegründeten European Business School in Oestrich-Winkel. Heutzutage gibt es an fast allen Hochschulen Alumni-Clubs. Die Angebote setzen sich jeweils ganz unterschiedlich zusammen: Es gibt Alumni-Zeitschriften, Newsletter, Stammtische, Sommerakademien und vieles mehr. Manche Universitäten halten auch Jobangebote ausschließlich für ihre Absolventen bereit, die in den Alumni-Newslettern veröffentlicht werden. Einige der Clubs erheben Mitgliedsbeiträge, andere nicht. Als vorbildlich gilt das Alumni-Netzwerk der Universität Mannheim, es wurde bereits mehrfach ausgezeichnet. Auf seiner Internetseite www.absolventum.de präsentiert es vielfältige Informationen über Termine für Feiern, Weiterbildungsmöglichkeiten sowie Veranstaltungen der Regionalgruppen.

2001 wurde der Verband der Alumni-Organisationen im deutschsprachigen Raum in Mannheim gegründet. Dieser Verband stellt im Internet unter www.alumniclubs.net eine gemeinsame Plattform für die Kommunikation und Kooperation der Alumni-Netzwerke untereinander bereit. Wenn Sie daran interessiert sind, einem Alumni-Club beizutreten, schauen Sie doch einmal in diese Liste oder recherchieren Sie, ob es Homepages der Bildungseinrichtungen gibt, die Sie besucht haben. Alte Schulfreunde aus Ihrer Abschlussklasse können Sie über den kommerziellen Anbieter stayfriends.de finden. Wenn Sie Nachrichten versenden, kann der Empfänger diese allerdings nur lesen, wenn er sich als zahlendes Mitglied registriert. Deshalb kommen Sie oft schneller miteinander in Kontakt, wenn Sie über eine Suchmaschine die E-Mail-Adresse der jeweiligen Person herausfinden. Sicherlich ergeben sich auf diese Weise Wege zu einer erneuten Kontaktaufnahme.

Wie finde ich das passende Netzwerk für mich?

Ist Ihre Neugier geweckt? Netzwerken ist noch in vielen weiteren als den hier beschriebenen Formen mit ganz anderen Zielen und unter anderen Voraussetzungen möglich. Sobald Sie anfangen, sich zu informieren und zu recherchieren, werden Sie sehr schnell erkennen, dass es für jeden das Netzwerk gibt, das er zu finden hofft. Und wenn nicht, dann können Sie immer noch selbst ein Netzwerk nach Ihrem Geschmack gründen.

Ob es nun um die Arbeit oder um politische oder religiöse Interessen geht, um Spaß an Sport oder einem beliebigen anderen Thema: Alle Netzwerke weisen gewisse Gemeinsamkeiten auf, die jeweils einen bestimmten Ansatz zum Networking bieten. Viele dieser Organisationen basieren auf ehrenamtlicher Tätigkeit, sodass sich hier häufig die Chance ergibt, ein Amt zu übernehmen. Damit lassen sich Verhaltensweisen und Strategien erproben, die auch im Berufsleben nützlich sind. Zudem lernen Sie dabei Menschen kennen, die Sie sonst niemals treffen würden. Hinzu kommt, dass viele dieser Gruppen ein besonderes Anliegen verfolgen, das über das reine Arbeitsleben hinausgeht. Streben Sie zum Beispiel eine Karriere in der Politik an, können Sie sich bei einer Partei oder Gewerkschaft durch Vorträge, Diskussionsbeiträge und aktive Mitarbeit bekannt machen.

Auch wenn Sie ein Netzwerk auswählen, bei dem der Zutritt schwieriger ist, mit Geduld und Beharrlichkeit gibt es Wege dorthin. Möchten Sie Ihrer Karriere auf die Sprünge helfen oder einem exklusiven Club beitreten, sollten Sie sich nicht von strengen Beitrittskriterien entmutigen lassen. Überdenken Sie die Liste Ihrer Kontakte noch einmal. Gibt es jemanden, der Ihnen eine Tür öffnen könnte? Ist Ihnen in den (Fach-)Medien jemand aufgefallen, der mit dem Netzwerk Ihrer Wahl in Verbindung steht und zu dem Sie aufgrund eines gemeinsamen Interesses Kontakt aufnehmen könnten? Informieren Sie sich außerdem über die Aufnahmebedingungen, bei manchen Clubs ist eine mehrjährige Auslandserfahrung oder eine bestimmte Ausbildung Voraussetzung, bei anderen ist der Zutritt nur auf Empfehlung möglich. Wer den Schritt in ein solches Netzwerk hinein geschafft hat, wird schnell merken, dass es hier nicht um Entspannung und Luxus geht, sondern dass sich die Mitgliedschaft als harte Arbeit erweist – die sich aber meist auszahlt.

Wo Sie netzwerken wollen – ob in einem kleinen Branchennetzwerk, in einem branchenübergreifenden großen Verband oder in einem elitären Club – und wie Sie es tun – ob aktiv mit einem Amt, eher ein wenig passiv in festen Strukturen oder zunächst einmal unverbindlicher durch die Teilnahme an einzelnen Veranstaltungen –, das liegt allein bei Ihnen. Die Entscheidung, an welchem Netzwerk Sie sich beteiligen wollen, treffen Sie am besten dann, wenn Sie sich ausführlich informiert und die für Sie interessanten Angebote genauer unter die Lupe genommen haben. Beantworten Sie dazu für sich die folgenden Fragen:

- Was ist Ihr Ziel beziehungsweise Ihr Anliegen?
- Auf welche Mitglieder werden Sie treffen? Entspricht dies Ihren Vorstellungen?
- Welche Spielregeln gelten in dem Netzwerk? Welchen Nutzen bringt es Ihnen?
- Was müssen Sie an Engagement und Zeit einbringen? Sind Sie dazu bereit?
- Wie hoch sind die Kosten?
- Wie schätzen Sie die Erfolgsaussichten im Hinblick auf Ihre Ziele ein?
- Sind die Orte, an denen Veranstaltungen und Treffen stattfinden, für Sie gut zu erreichen?

Informieren Sie sich auf den Websites, sprechen Sie mit anderen Menschen, die über Netzwerkerfahrung verfügen, und besuchen Sie Informationsveranstaltungen der für Sie interessanten Organisationen. Zögern Sie nicht, Mitglieder nach ihrer Meinung zu den Vor- und Nachteilen ihres Netzwerks zu fragen oder direkt beim Bundesverband anzurufen, wenn Ihnen etwas unklar bleibt. Auf diese Weise können Sie sich ein Bild machen, ohne dass Sie gleich voll – als zahlendes Mitglied – in mehrere Netzwerke einsteigen müssen. Lassen Sie sich Zeit bei Ihrer Wahl und planen Sie Ihr Networking genau so, wie es zu Ihnen passt.

6. Ein Wort zum Schluss

Networking ist der Schlüssel zu mehr Erfolg im Berufsleben, aber auch im privaten Bereich. Jeder kann ein guter Networker werden, denn das ist im Grunde ganz einfach: anderen mit positiver Einstellung und selbstsicher gegenübertreten, selbst den ersten Schritt machen und in Vorleistung gehen, sich Zeit für das Pflegen des vorhandenen Beziehungsnetzwerks nehmen, freigiebig mit Dank und Lob umgehen, Unterstützung so erbitten, dass der andere jederzeit nein sagen kann ...

Das Geheimnis erfolgreicher Networker ist die Konsequenz, mit der sie diese Regeln umsetzen. Klingt ganz einfach und ist doch oft schwierig. Der entscheidende Schritt besteht darin, eine positive Einstellung zu diesen Verhaltensweisen zu gewinnen und ihre Wirkung bewusst zu erleben. Versuchen Sie, beim Aufbau von Kontakten einen spielerischen Ansatz zu finden, statt sich selbst unter Druck zu setzen. Betrachten Sie bestehende Netzwerke als Experimentierraum, in dem Sie die hier beschriebenen Spielregeln austesten können. Schon bald werden Sie erste Erfolgserlebnisse erzielen und die in diesem Buch beschriebenen sozialen Mechanismen bewusst wahrnehmen und aktiv gestalten.

Viel Spaß und viel Erfolg beim Netzwerken!

Mehr als ein Buch: weitere Serviceleistungen

Das vorliegende Buch beruht nicht nur auf meinen eigenen Erfahrungen, sondern es spiegelt den Erfahrungsschatz zahlloser Angestellter und Selbständiger wider, mit denen ich auf Networking-Veranstaltungen gesprochen, in XING-Foren diskutiert oder die ich bei unseren Seminaren kennen gelernt habe.

Mit dem Praxisbuch Networking möchte ich wiederkehrende Fragen beantworten, Anregungen geben und verhindern, dass Sie die Fehler anderer wiederholen und sich dadurch vielleicht die Freude am Networking nehmen lassen. Zu diesem Thema habe ich eine Reihe zum Teil kostenloser Serviceangebote entwickelt:

● In Deutschland, Österreich und der Schweiz veranstalte ich gemeinsam mit Joachim Rumohr die offiziellen XING-Seminare, in denen erfahrene Netzwerker zeigen, wie Sie das Wissen aus diesem Buch mit Hilfe von XING in die Tat umsetzen.

● Falls Sie selbständig sind oder diesen Schritt planen, möchte ich Sie ganz herzlich in die von mir moderierte XING-Gruppe „Netzwerk für Gründer und Selbständige" mit mehr als 60.000 Mitgliedern einladen. Sie können Fragen zu allen Aspekten der Selbständigkeit diskutieren sowie andere Gründer und Geschäftspartner kennen lernen. Die Mitgliedschaft ist kostenlos.

● Sicher sind Ihnen die zahlreichen Service-Links im Buch aufgefallen. Auf unserer Website stellen wir Ihnen über die Inhalte des Buches hinaus vertiefende Informationen zur Verfügung.

● In unserem kostenlosen Newsletter informieren wir über Neuigkeiten zum Thema Networking und geben jede Menge praktische Tipps.

Weitere Informationen zu all diesen Aktivitäten und Serviceangeboten finden Sie unter www.jeder-ist-unternehmer.de.

Stichwort-verzeichnis